工业和信息化“十三五”人才培养规划教材

1+X 证书制度 Web 前端开发系列丛书

Vue.js

前端开发实战

黑马程序员 编著

人 民 邮 电 出 版 社

北 京

图书在版编目（CIP）数据

Vue.js前端开发实战 / 黑马程序员编著. -- 北京 ：
人民邮电出版社，2020.4（2022.11重印）
工业和信息化"十三五"人才培养规划教材
ISBN 978-7-115-52323-5

Ⅰ. ①V… Ⅱ. ①黑… Ⅲ. ①网页制作工具－程序设
计 Ⅳ. ①TP393.092.2

中国版本图书馆CIP数据核字(2019)第279654号

内 容 提 要

本书是一本入门教材，以通俗易懂的语言、丰富实用的案例，详细讲解 Vue.js 的开发技术。

全书共 9 章，其中第 1 章讲解 Vue.js 的基本概念和开发环境；第 2、3 章讲解 Vue.js 的开发基础；第 4 章讲解过渡和动画的实现方式与应用；第 5、6 章讲解 Vue 路由（vue-router）和 Vuex 状态管理；第 7 章讲解 Vue.js 开发环境的详细配置；第 8 章讲解服务器端渲染的理论与实践；第 9 章讲解"微商城"项目的开发实战。

本书既可作为高等院校本、专科计算机相关专业的 Web 前端开发课程的教材，也可作为广大 IT 技术人员和编程爱好者的参考读物。

◆ 编　　著　黑马程序员
责任编辑　范博涛
责任印制　马振武
◆ 人民邮电出版社出版发行　　北京市丰台区成寿寺路 11 号
邮编　100164　　电子邮件　315@ptpress.com.cn
网址　http://www.ptpress.com.cn
大厂回族自治县聚鑫印刷有限责任公司印刷
◆ 开本：787×1092　1/16
印张：13.25　　2020 年 4 月第 1 版
字数：370 千字　　2022 年 11月河北第 9 次印刷

定价：45.00 元

读者服务热线：(010) 81055256　印装质量热线：(010) 81055316
反盗版热线：(010) 81055315
广告经营许可证：京东市监广登字 20170147 号

丛书编写委员会

（按姓氏笔画排序）

序言 FOREWORD

本书的创作公司——江苏传智播客教育科技股份有限公司（简称“传智教育”）作为第一个实现 A 股 IPO 上市的教育企业，是一家培养高精尖数字化专业人才的公司，公司主要培养人工智能、大数据、智能制造、软件、互联网、区块链、数据分析、网络营销、新媒体等领域的人才。公司成立以来紧随国家科技发展战略，在讲授内容方面始终保持前沿先进技术，已向社会高科技企业输送数十万名技术人员，为企业数字化转型、升级提供了强有力的人才支撑。

公司的教师团队由一批拥有 10 年以上开发经验，且来自互联网企业或研究机构的 IT 精英组成，他们负责研究、开发教学模式和课程内容。公司具有完善的课程研发体系，一直走在整个行业的前列，在行业内竖立起了良好的口碑。公司在教育领域有 2 个子品牌：黑马程序员和院校邦。

一、黑马程序员——高端 IT 教育品牌

“黑马程序员”的学员多为大学毕业后想从事 IT 行业，但各方面条件还不成熟的年轻人。“黑马程序员”的学员筛选制度非常严格，包括了严格的技术测试、自学能力测试，还包括性格测试、压力测试、品德测试等。百里挑一的残酷筛选制度确保了学员质量，并降低了企业的用人风险。

自“黑马程序员”成立以来，教学研发团队一直致力于打造精品课程资源，不断在产、学、研 3 个层面创新自己的执教理念与教学方针，并集中“黑马程序员”的优势力量，有针对性地出版了计算机系列教材百余种，制作教学视频数百套，发表各类技术文章数千篇。

二、院校邦——院校服务品牌

院校邦以“协万千名校育人、助天下英才圆梦”为核心理念，立足于中国职业教育改革，为高校提供健全的校企合作解决方案，其中包括原创教材、高校教辅平台、师资培训、院校公开课、实习实训、协同育人、专业共建、传智杯大赛等，形成了系统的高校合作模式。院校邦旨在帮助高校深化教学改革，实现高校人才培养与企业发展的合作共赢。

（一）为大学生提供的配套服务

1. 请同学们登录“高校学习平台”，免费获取海量学习资源。平台可以帮助高校学生解决各类学习问题。

高校学习平台

2. 针对高校学生在学习过程中的压力等问题，院校邦面向大学生量身打造了 IT 学习小助手——“邦小苑”，可提供教材配套学习资源。同学们快来关注“邦小苑”微信公众号。

“邦小苑”微信公众号

（二）为教师提供的配套服务

1. 院校邦为所有教材精心设计了“教案+授课资源+考试系统+题库+教学辅助案例”的系列教学资源。高校老师可登录“高校教辅平台”免费使用。

高校教辅平台

2.针对高校教师在教学过程中存在的授课压力等问题，院校邦为教师打造了教学好帮手——“传智教育院校邦”，教师可添加“码大牛”老师微信/QQ：2011168841，或扫描下方二维码，获取最新的教学辅助资源。

“传智教育院校邦”微信公众号

三、意见与反馈

为了让教师和同学们有更好的教材使用体验，您如有任何关于教材的意见或建议请扫码下方二维码进行反馈，感谢对我们工作的支持。

前言
Preface

Vue.js是目前流行的Web前端开发框架之一，是一套构建用户界面的渐进式框架，采用MVVM（Model-View-ViewModel）设计模式，支持数据驱动和组件化开发。与Angular、React等前端框架相比，Vue.js提供了更加简洁、更易于理解的API(应用程序接口)，使得用户可以快速地上手使用。

◆为什么要学习本书

本书针对已经具备了HTML5、CSS3、JavaScript的基础知识，想要从事与Web前端开发相关的工作，但是还没有学习Vue.js的人群。本书详细讲解了Vue.js的基础知识、过渡和动画、路由、Vuex、开发环境、服务器端渲染等技术，尽可能地确保读者可以学以致用。

本书采用先易后难的方式安排内容顺序。在知识讲解时以环环相扣的推进方式阐述出每个技术的作用及相互之间的联系，并通过实用的案例和项目，帮助读者提高对Vue.js的整体认识，积累开发经验。

◆如何使用本书

本书共分为9章，接下来将分别对各章节进行简要的介绍。

- 第1章主要讲解Vue.js的基本概念、前端技术的发展、Vue.js下载安装和使用，以及git-bash命令行工具、Node.js环境、npm包管理工具、vue-devtools调试工具、webpack打包工具的使用。通过本章的学习，初学者会对Vue.js有一个整体的认识与了解，熟练掌握Vue.js的安装、配置与使用。
- 第2章主要讲解Vue.js的基本使用，包括创建Vue.js实例对象时配置的data、methods、watch和filters等选项的使用，绑定样式和内置指令的使用，事件监听和事件修饰符的使用，组件的基本概念和使用，以及生命周期函数的使用。
- 第3章主要讲解Vue.js中的各种全局API、实例属性、全局配置的使用，并讲解了如何创建插件，如何在组件中进行混入（mixins）、渲染（rander）等操作。
- 第4章讲解了Vue.js的过渡和动画的使用，主要从JavaScript动画和CSS动画两个方面实现不同方式的动画效果，通过transition组件以类名和钩子函数来创建过渡与动画，通过修改动画模式来改变动画效果，并补充讲解了过渡的多种方式。读者学会此部分内容有助于通过动画实现页面的绚丽特效。
- 第5章主要讲解Vue路由（vue-router）的使用方式，包括路由的工作原理和基本使用，动态路由、嵌套路由、命名路由、命名视图的概念和使用，以及编程式导航等内容。在本章还介绍了如何手动搭建Vue+webpack的“用户登录注册”案例，并在案例中使用路由实现页面的跳转。通过本章的学习，读者能够熟练掌握路由的配置和使用。

- 第 6 章主要讲解 Vuex 状态管理，内容包括 Vuex 的基本概念和常用的配置选项、组件状态的管理、Vuex 中的常用 API，以及如何利用 Vuex 开发“购物车”案例。
- 第 7 章主要讲解 Vue.js 开发环境相关的技术，包括如何利用 Vue CLI 脚手架工具创建项目，CLI 服务的使用，配置文件的编写，以及环境变量、静态资源管理等内容。
- 第 8 章讲解服务器端渲染的基本概念，以及服务器端渲染的环境搭建和代码实现，内容涵盖了 Express 框架、Koa 框架、webpack 搭建服务器端渲染，以及 Nuxt.js 框架的使用。
- 第 9 章介绍“微商城”项目的开发，讲解项目中的主要功能和技术点。“微商城”是一个移动端的在线商城项目，提供了标签栏、商品展示、购物车等功能，应用了 MUI、Mint UI 等 UI 库，并对前面学过的路由、Vuex 等技术进行了综合运用，通过大量的代码帮助读者掌握 Vue.js 项目开发的技能。

在上面所列举的 9 章中，第 1 ～ 4 章讲解 Vue.js 的基础知识与简单使用，帮助初学者奠定扎实的基本功；第 5、6 章讲解路由和 Vuex 的基本概念和使用，帮助读者完成复杂项目的开发，第 7、8 章从开发环境、服务器端渲染等方面深层次挖掘 Vue.js，提升读者的运用技能，积累开发经验。

在学习过程中，读者一定要亲自动手实践书中的案例，如果不能完全理解书中所讲知识，读者可以登录“高校学习平台”，通过平台中的教学视频进行深入学习。学习完一个知识点后，要及时在“高校学习平台”进行测试，以巩固学习内容。

另外，如果读者在理解知识点的过程中遇到困难，建议不要纠结于某个地方，可以先往后学习。通常来讲，通过后面的学习，前面不懂和疑惑的知识也就能够理解了。在学习的过程中，一定要多动手实践，如果在实践的过程中遇到问题，建议多思考，理清思路，认真分析问题发生的原因，并在问题解决后总结经验。

◆ 致谢

本书的编写和整理工作由传智播客教育科技股份有限公司完成，主要参与人员有韩冬、豆翻、张瑞丹等，全体人员在近一年的编写过程中付出了大量辛勤的劳动，在此一并表示衷心的感谢。

◆ 意见反馈

尽管我们付出了很大的努力，但教材中难免会有不妥之处，欢迎各界专家和读者朋友们提出宝贵意见，我们将不胜感激。您在阅读本书时，如发现任何问题或有不认同之处可以通过电子邮件与我们取得联系。

电子邮箱：itcast_book@vip.sina.com。

黑马程序员

2019 年 11 月于北京

目录
Contents

第1章

Vue.js 基础入门

Vue.js（以下简称 Vue）是前端的流行框架之一，与 Angular 和 React 相比，Vue 框架在实现上更容易理解，上手更快。使用 Vue 开发不仅提高了开发效率，也改善了开发体验，因此，熟练掌握 Vue 框架已成为前端开发者的必备技能。本章将会介绍 Vue 框架的基本概念，并对 Vue 的使用进行讲解。

教学导航

学习目标	1. 了解 Vue 的核心设计思想 2. 掌握 Vue 开发环境的搭建方法 3. 掌握 Vue 开发和调试工具的使用 4. 掌握 Vue 项目的创建方法
教学方式	本章主要以概念讲解、操作实践为主
重点知识	1. 掌握 Vue 的开发环境搭建方法 2. 了解 Vue 的核心设计思想
关键词	MVVM 设计思想、环境搭建、开发工具的使用、调试工具的使用

1.1 初识 Vue

1.1.1 前端技术的发展

Web 前端使用 HTML、CSS 和 JavaScript 作为基础语言，它们分别用来实现网页的结构、样式和行为。HTML 主要用来编写网页的结构，例如 <a></a> 表示超链接。CSS 样式包括颜色、大小、字体等，实现漂亮、布局合理的页面效果。JavaScript 的功能主要包括实现页面逻辑、行为、动作等，用来动态操作元素的属性，主要是为页面提供交互效果，实现更好的用户体验。

在构建大型交互式项目时，开发者需要编写大量的 JavaScript 代码来操作 DOM（文档对象模型），并处理浏览器的兼容问题，代码逻辑越来越烦琐。为了提高开发效率，使用 JavaScript 语言编写的 jQuery 库出现了。jQuery 的核心理念是开发者只需写很少的代码，就可以实现更多的功能。它通过对 JavaScript 代码的封装，使得 DOM、事件处理、动画效果、Ajax 交互等功能的实现变得更加简洁、方便，有效地提高了项目开发效率。

随着移动端技术的发展，前端技术被逐渐应用到移动端开发中，用来构建单页应用。单页应用是前端开发的一种形式，在切换页面的时候，不会刷新整个页面，而是通过 Ajax 异步加载新的数据，改变页面的内容。为了更方便地开发这类复杂的应用，市面上出现了 Angular、React、Vue 等框架。Vue 通过虚拟 DOM 技术来减少对 DOM 的直接操作；通过尽可能简单的 API 来实现响应的数据绑定，支持单向和双向数据绑定。组件化的特性提高了开发效率、使代码更容易复用，并提高了项目的可维护性，便于团队的协同开发。

1.1.2 什么是 Vue

Vue（读音 /Vju:/，类似于 View）是一套用于构建用户界面的渐进式框架，与其他大型框架相比，Vue 被设计为可以自底向上逐层应用。其他大型框架往往一开始就对项目的技术方案进行强制性的要求，而 Vue 更加灵活，开发者既可以选择使用 Vue 来开发一个全新项目，也可以将 Vue 引入到一个现有的项目中。

另一方面，当 Vue 与现代化的工具链以及各种支持类库结合使用时，也完全能够为复杂的单页应用提供驱动。工具链是指在前端开发过程中用到的一系列工具，例如，使用脚手架工具创建应用，使用依赖管理工具安装依赖包，以及使用构建工具进行代码编译等。

Vue 的数据驱动是通过 MVVM（Model-View-ViewModel）模式来实现的，其基本工作原理如图 1-1 所示。

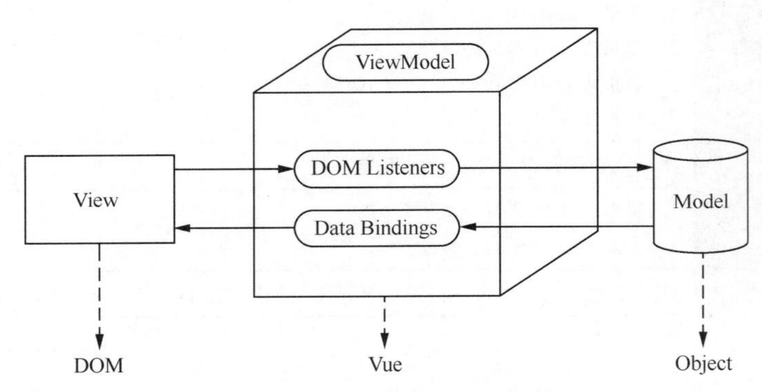

图 1-1 Vue 的基本工作原理

从图 1-1 中可以看出，MVVM 主要包含 3 个部分，分别是 Model、View 和 ViewModel。Model 指的是数据部分，主要负责业务数据；View 指的是视图部分，即 DOM 元素，负责视图的处理。ViewModel 是连接视图与数据的数据模型，负责监听 Model 或者 View 的修改。

在 MVVM 中，数据（Model）和视图（View）是不能直接通信的，视图模型（ViewModel）就相当于一个观察者，监控着双方的动作，并及时通知进行相应操作。当 Model 发生变化的时候，ViewModel 能够监听到这种变化，并及时通知 View 做出相应的修改。反之，当 View 发生变化时，ViewModel 监听到变化后，通知 Model 进行修改，实现了视图与模型的互相解耦。

1.1.3 Vue 的优势

目前市场三大前端主流框架分别是 Angular、React 和 Vue。Vue 之所以被开发者青睐，主要是 Vue 秉承了 Angular 和 React 框架两者的优势，并且 Vue 的代码简洁、上手容易，在市场上也得到大量应用。下面我们就对 Vue 的特性进行简单介绍。

1. 轻量级

Angular 的学习成本高，使用起来比较复杂，而 Vue 相对简单、直接，所以 Vue 使用起来更加友好。

2. 数据绑定

Vue 是一个 MVVM 框架，数据双向绑定，即当数据发生变化的时候，视图也就发生变化，当视图发生变化的时候，数据也会跟着同步变化，这也算是 Vue 的精髓之处。尤其是在进行表单处理时，Vue 的双向数据绑定非常方便。

3. 指令

指令主要包括内置指令和自定义指令，以“v-”开头，作用于 HTML 元素。指令提供了一些特殊的特性，将指令绑定在元素上时，指令会给绑定的元素添加一些特殊的行为。例如，v-bind 动态绑定指令、v-if 条件渲染指令、v-for 列表渲染指令等。

4. 插件

插件用于对 Vue 框架功能进行扩展，通过 MyPlugin.install 完成插件的编写，简单配置后就可以全局使用。常用的扩展插件有 vue-router、Vuex 等。

Vue 很多特性与 Angular 和 React 有着相同的地方，但是也有着性能方面的差别。

Vue 使用基于依赖追踪的观察系统并且使用异步队列更新，所有的数据都是独立触发的，提高了数据处理能力。

React 和 Vue 的中心思想是一切都是组件，组件之间可以实现嵌套。React 采用了特殊的 JSX 语法，Vue 中也推崇编写以 *.vue 后缀命名的文件格式，对文件内容都有一些规定，两者需要编译后使用。

Vue 在模板中提供了指令、过滤器等，可以非常方便和快捷地操作 DOM。推荐将 Vue 使用到具有复杂交互逻辑的前端应用中，以确保用户的体验效果。

1.2　Vue 开发环境

为了快速上手 Vue 项目开发，本节将对 Vue 的开发环境以及常用工具的使用进行讲解，并通过 Hello World 案例演示 Vue 的基本使用。

1.2.1　Visual Studio Code 编辑器

Visual Studio Code（VS Code）是由微软公司推出的一款免费、开源的编辑器，推出之后便很快流行起来，深受开发者的青睐。作为前端开发人员来说，一个强大的编辑器可以让开发变得简单、便捷、高效。本书选择基于 VS Code 编辑器进行讲解。

VS Code 编辑器具有如下特点。

（1）轻巧极速，占用系统资源较少。

（2）具备语法高亮显示、智能代码补全、自定义快捷键和代码匹配等功能。

（3）跨平台。不同的开发人员为了工作需要，会选择不同平台来进行项目开发工作，这样就在一定程度上限制了编辑器的使用范围。VS Code 编辑器不仅跨平台（支持 Mac、Windows 以及 Linux），使用起来也非常简单。

（4）主题界面的设计比较人性化。例如，可以快速查找文件直接进行开发，可以通过分屏显示代码，主题颜色可以进行自定义设置（默认是黑色），也可以快速查看最近打开的项目文件并查看项目文件结构。

（5）提供了丰富的插件。VS Code 提供了插件扩展功能，用户可根据需要自行下载安装，只需在安装配置成功之后，重新启动编辑器，就可以使用此插件提供的功能了。

1.2.2　Vue 的下载和引入

Vue 目前的最新版本是 2.x，从 Vue 官方网站可以获取下载地址，如图 1-2 所示。

图 1-2　获取 Vue

从图 1-2 中可以看出，Vue 的核心文件有两种版本，分别是开发版本（vue.js）和生产版本（vue.min.js）。生产版本是压缩后的文件。为了方便学习，推荐选择开发版本。

将 vue.js 文件下载后，打开文件，在代码开头的注释中查看版本号，如下所示：

```
/*!
 * Vue.js v2.6.10
 * (c) 2014-2019 Evan You
 * Released under the MIT License.
 */
```

在上述代码中，2.6.10 就是 Vue 核心文件的版本号。

当在 HTML 网页中使用 Vue 时，使用 <script> 标签引入 vue.js 即可，示例代码如下：

```
<script src="vue.js"></script>
```

上述代码表示引入当前路径下的 vue.js 文件。

1.2.3　git-bash 命令行工具

在进行 Vue 开发时，我们经常会使用一些命令，如 npm（包管理器）、vue-cli（脚手架），这些命令需要在命令行下使用。git-bash 是 git（版本管理器）中提供的一个命令行工具，外观类似于 Windows 系统内置的 cmd 命令行工具，但用户体验更友好。在实际开发中，经常会使用 git-bash 工具代替 cmd。下面我们就来讲解 git-bash 的安装步骤。

（1）打开 git for windows 官网，下载 git 安装包，如图 1–3 所示。

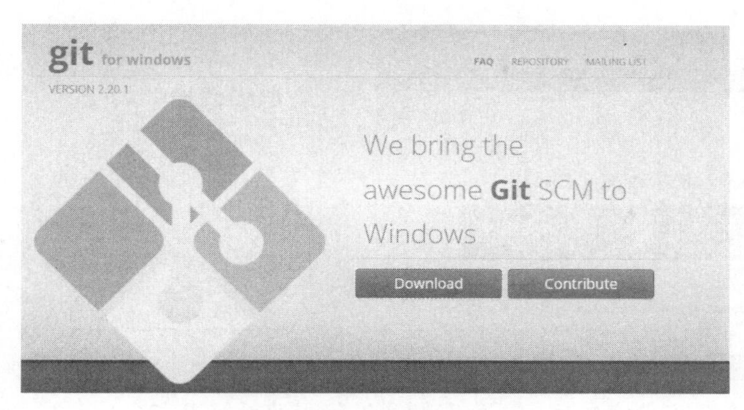

图 1–3　git 下载网站

（2）双击下载后的安装程序，进行安装，如图 1–4 所示。

（3）单击“Next”按钮，根据提示进行安装，全部使用默认值即可。

（4）安装成功后，启动 git–bash，如图 1–5 所示。

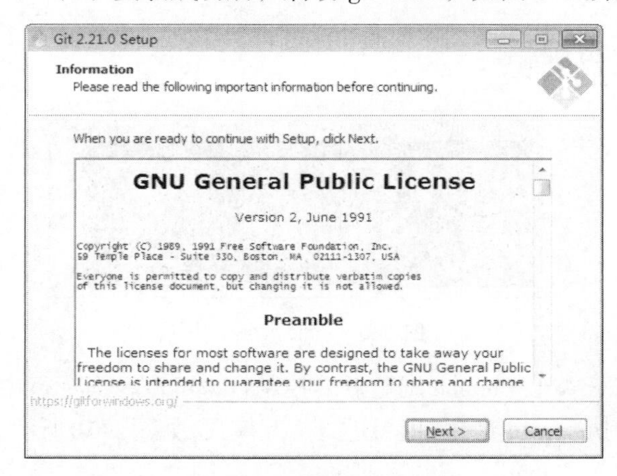

图 1–4　安装协议

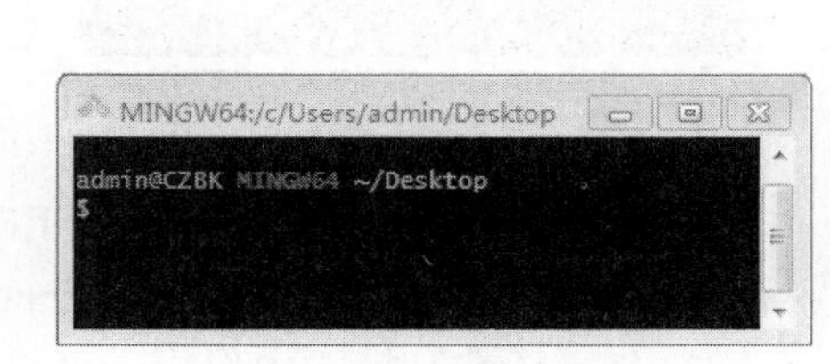

图 1–5　启动 git–bash

1.2.4　Node.js 环境

Node.js 是一个基于 Chrome V8 引擎的 JavaScript 运行环境，它可以让 JavaScript 运行在服务器端。接下来我们就对 Node.js 的下载和安装进行详细讲解。

（1）打开 Node.js 官方网站，找到 Node.js 下载地址，如图 1–6 所示。

从图 1–6 中可以看出，Node.js 有两个版本。LTS（Long Term Support）是提供长期支持的版本，只进行微小的 Bug 修复且版本稳定，因此有很多用户在使用；Current 是当前发布的最新版本，增加了一些新特性，有利于进行新技术的开发使用。这里选择 LTS 版本进行下载即可。

（2）双击安装包进行安装，如图 1–7 所示。

（3）安装过程全部使用默认值。安装完成后，打开 git–bash 命令行工具，查看 Node.js 版本信息，如图 1–8 所示。

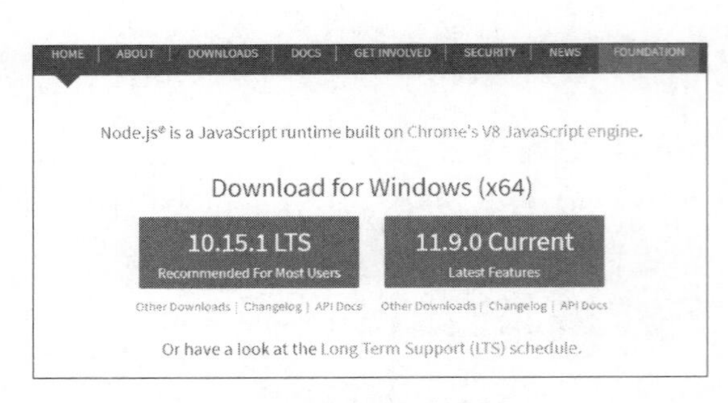

图 1-6　Node.js 官网

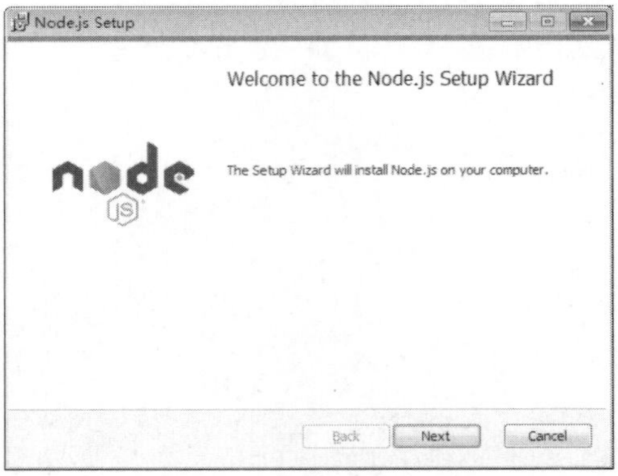

图 1-7　安装界面

（4）将 Node.js 安装完成后，下面我们通过代码演示 Hello World 程序的编写。创建 C:\vue\chapter01 目录，在该目录中创建 helloworld.js 文件，编写如下代码：

```
console.log('Hello World')
```

（5）保存文件后，执行如下命令，启动 Hello World 程序：

```
node helloworld.js
```

（6）上述代码执行后，输出结果如图 1-9 所示。

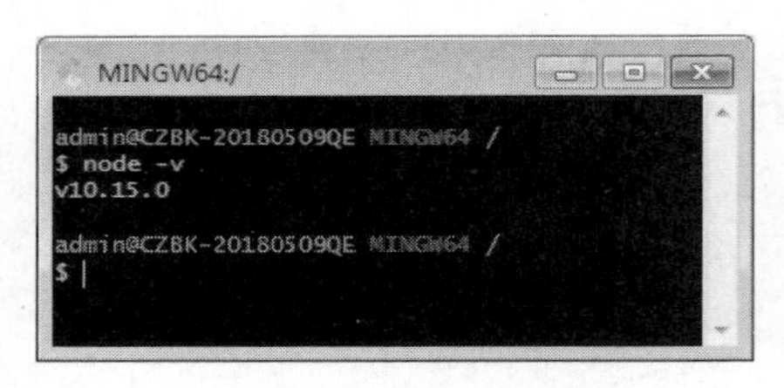

图 1-8　查看 Node.js 版本

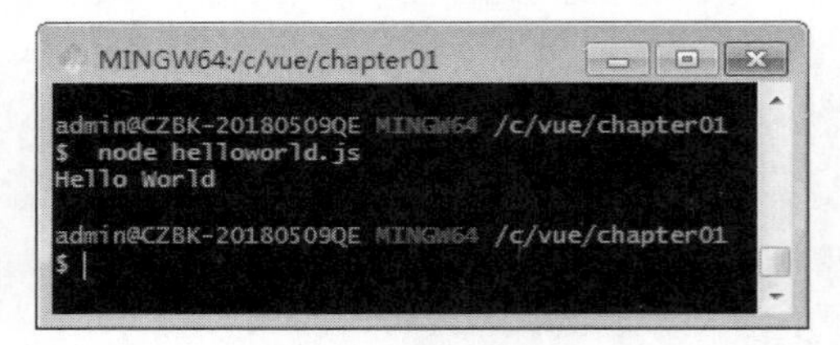

图 1-9　Hello World 程序

（7）Node.js 还提供了交互式环境 REPL，类似 Chrome 浏览器的控制台，可以在命令行中直接输入 JavaScript 代码来执行。在命令行中执行 node 命令，即可进入交互模式，如图 1-10 所示。

（8）若要从交互模式中退出，可以输入“.exit”并按 Enter 键，或者按两次 Ctrl+C 组合键来退出。

图 1-10　REPL 交互式环境

1.2.5　npm 包管理工具

npm（Node.js Package Manager）是一个 Node.js 的包管理工具，用来解决 Node.js 代码部署问题。在安装 Node.js 时会自动安装相应的 npm 版本，不需要单独安装。使用 npm 包管理工具可以解决如下场景的需求。

（1）从 npm 服务器下载别人编写的第三方包到本地使用。

（2）从 npm 服务器下载并安装别人编写的命令程序到本地使用。

（3）将自己编写的包或命令行程序上传到 npm 服务器供别人使用。

npm 提供了快速操作包的命令，只需要简单命令就可以很方便地对第三方包进行管理，下面列举了 npm 中的常用命令。

- npm install：安装项目所需要的全部包，需要配置 package.json 文件。
- npm uninstall：卸载指定名称的包。

- npm install 包名：安装指定名称的包，后面可以跟参数“-g”表示全局安装，“--save”表示本地安装。
- npm update：更新指定名称的包。
- npm start：项目启动；通过 CDN 方式引入 Vue，可以缓解服务器的压力，加快文件的下载速度。目前，网络上有很多免费的 CDN 服务器可以使用。
- npm run build：项目构建。

多学一招：

由于 npm 的服务器在国外，使用 npm 下载软件包的速度非常慢，为了提高下载速度，推荐读者切换成国内的镜像服务器来使用。以淘宝 NPM 镜像为例，使用如下命令设置即可切换。

```
npm config set registry https://registry.npm.taobao.org
```

1.2.6　Chrome 浏览器和 vue-devtools 扩展

浏览器是开发和调试 Web 项目的工具，目前市面上主流的浏览器都有自己的优点和缺点，本书选择基于使用量较多的 Chrome 浏览器进行讲解。

vue-devtools 是一款基于 Chrome 浏览器的扩展，用于调试 Vue 应用，只需下载官方压缩包，配置 Chrome 浏览器的扩展程序即可使用。下面我们简单介绍一下安装流程。

（1）下载 vue-devtools-5.1.1.zip 压缩包到本地。

（2）将压缩包进行解压，然后在命令行中切换到解压好的 vue-devtools-5.1.1 目录，输入以下命令进行依赖安装：

```
npm install
```

（3）构建 vue-devtools 工具插件，执行命令如下：

```
npm run build
```

（4）将插件添加至 chrome 浏览器。单击浏览器地址栏右边的“ ⋮ ”按钮，在弹出的菜单中选择“更多工具”→“扩展程序”，如图 1-11 所示。

在图 1-11 所示的界面中，单击“加载已解压的扩展程序”按钮，此时会弹出选择框，需要用户选择扩展程序目录。找到 vue-devtools-5.1.1/shells/chrome 目录，将其添加到扩展程序中。

（5）配置完成后，可以看到当前 vue-devtools 工具的信息，并在 Chrome 浏览器窗口的右上角会显示 Vue 的标识，如图 1-12 所示。

图 1-11　扩展程序页面

图 1-12　vue-devtools 安装成功界面

1.2.7 Hello World 案例

学习了 Vue 的几种引用方式后，下面我们将使用 Vue 在页面中输出“Hello Vue.js”，开启第一个 Vue 案例的体验之旅。具体如例 1-1 所示。

【例 1-1】

（1）在 C:\vue\chapter01 目录中创建 demo01.html 文件，具体代码如下：

```
1  <!DOCTYPE html>
2  <html>
3  <head>
4    <meta charset="UTF-8">
5    <title> 我是第一个 Vue.js 案例 </title>
6    <script src="vue.js"></script>
7  </head>
8  <body>
9    <div id="app"></div>
10 </body>
11 </html>
```

上述代码中，第 6 行引入了 vue.js 核心文件，引入后就会得到一个 Vue 构造器，用来创建 Vue 实例。第 9 行为元素设置了 id，用来作为 Vue 实例控制的元素。

（2）在 </body> 结束标签前编写如下代码，创建 Vue 实例：

```
1  <script>
2  var vm = new Vue({
3    el: '#app',
4    data: {
5      msg: 'Hello Vue.js'
6    }
7  })
8  </script>
```

上述代码中，第 2 行创建了一个 Vue 实例，保存为 vm（含义为 ViewModel）；第 3 行的 el 表示当前 vm 实例要控制的页面区域，即 id 为 app 的元素；第 4 行的 data 属性用来存放 el 中要用到的数据；在第 5 行设置了 data 对象的属性 msg 为“Hello Vue.js”。

（3）通过 Vue 提供的“{{ }}”插值表达式，把 data 数据渲染到页面。修改页面中 id 为 app 的根容器的代码，如下所示：

```
1  <div id="app">
2    <!-- 将 msg 绑定到 p 元素 -->
3    <p>{{msg}}</p>
4  </div>
```

（4）通过浏览器访问 demo01.html，运行结果如图 1-13 所示。

图 1-13　输出 Hello Vue.js

1.3　webpack 打包工具

webpack 是一个模块打包工具，可以把前端项目中的 js、cs、scss/less、图片等文件都打包在一起，实现自动化构建，给前端开发人员带来了极大的便利。本节将针对如何在 webpack 中构建 Vue 项目进行讲解。

1.3.1　安装 webpack

在命令行中执行如下命令即可安装 webpack：

```
npm install webpack@4.27.x webpack-cli@3.x -g
```

在上述命令中，4.27.x 是 webpack 版本号，表示安装 4.27.x 范围内的最新版本，webpack-cli 是脚手架工具，“-g”表示全局安装。

安装完成后，执行“webpack -v”命令，查看 webpack 版本，如下所示：

```
webpack -v
4.27.1
```

另外，如果希望卸载 webpack，可以执行如下命令来卸载：

```
npm uninstall webpack webpack-cli -g
```

1.3.2　webpack 简单使用

在安装 webpack 之后，我们通过例 1-2 演示 webpack 的简单使用。

【例 1-2】

（1）创建 C:\vue\chapter01\demo02 目录，作为项目目录。

（2）在 demo02 目录中创建 example.js 文件，具体代码如下：

```
1  function add(a, b) {
2    return a + b
3  }
4  console.log(add(1 , 2))
```

上述代码用于计算两个数之和，在控制台中输出计算结果。

（3）在 demo02 目录下执行如下命令，进行打包操作：

```
webpack example.js -o app.js
```

执行上述命令后，就会编译 example.js 文件，将编译后的结果保存为 app.js 文件。

（4）创建 example.html 文件，引入编译后的 app.js 文件，具体代码如下：

```
<script src="app.js"></script>
```

（5）在浏览器中打开 example.html，运行结果如图 1-14 所示。

从图 1-14 可以看出，控制台输出的打印结果为 3，说明此时已经将 example.js 文件打包为 app.js 文件。

图 1–14 webpack 的简单使用

1.3.3 构建 Vue 项目

在 Vue 项目开发时，为了提高加载时间和性能，webpack 打包工具会将项目中的文件转为浏览器可以读取的静态文件。下面我们来演示如何创建一个简单的 Vue 项目。

（1）在创建项目之前应先完成 vue–cli 脚手架工具的安装。脚手架工具可以直接生成一个项目的整体架构，帮助开发者搭建 Vue.js 的基础代码。执行命令如下：

```
npm install vue-cli@2.9.x -g
```

将 vue–cli 安装完成后，可以执行“vue–cli –V”命令，查看安装的版本号。

（2）打开 C:\vue\chapter01 目录，执行如下命令初始化 vue 项目：

```
vue init webpack myapp
```

在上述命令中，myapp 表示项目名称，可以根据需要自定义名称。程序会自动在当前目录下创建 myapp 子目录作为项目目录。webpack 表示项目的模板。

（3）在创建项目时，程序会询问项目的一些配置选项，直接按回车键使用默认值即可。关于 vue–cli 的使用具体会在第 6 章中详细讲解。

接下来分析 myapp 项目的目录结构，具体解释如表 1–1 所示。

表 1–1 myapp 目录结构

目录结构	说明
build	项目构建（webpack）相关代码
config	配置文件目录
node_modules	依赖模块
src	源码目录
static	静态资源目录
test	初始测试目录
index.html	首页入口文件
package.json	项目配置文件
README.md	项目说明文档

（4）切换到项目目录，然后启动服务，具体命令如下：

```
cd myapp
npm run dev
```

执行上述命令后，如果启动成功，会看到如下提示信息：

```
Your application is running here: http://localhost:8080
```

上述信息表示当前应用已经启动，可以通过 http://localhost:8080 来访问。使用浏览器打开这个地址，运行结果如图 1-15 所示。

（5）使用 VS Code 编辑器打开 “C:\chapter01\myapp” 目录，就可以在该目录下进行项目的开发了。

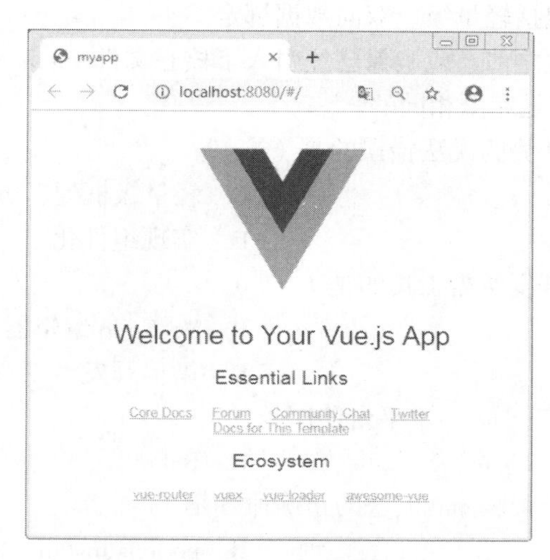

图 1-15　运行结果

本章小结

本章主要讲解了什么是 Vue、Vue 的特点和发展前景、Vue 开发环境的搭建，以及 webpack 打包工具的使用。通过本章的学习，读者应对 Vue 有一个整体的认识，能够编写一个简单的 Hello World 程序。

课后习题

一、填空题

1. Vue 是一套构建________的渐进式框架。
2. MVVM 主要包含 3 个部分，分别是 Model、View 和________。
3. Vue 中通过________属性获取相应 DOM 元素。
4. 在进行 Vue 调试时，通常使用________工具来完成项目开发。
5. Vue 中页面结构以________形式存在。

二、判断题

1. Vue 与 Angular 和 React 框架不同的是，Vue 设计为自下而上逐层应用。（　　）
2. Vue 完全能够为复杂的单页应用提供驱动。（　　）

3. Vue 是一套构建用户界面的渐进式框架，Vue 的核心只关注视图层。（ ）

4. Vue 中 MVVM 框架主要由 3 部分组成：Model、View 和 ViewModel。（ ）

5. Vue 可以在 Node 环境下进行开发，并借助 npm 包管理器来安装依赖。（ ）

三、选择题

1. 下列关于 Vue 说法错误的是（ ）。

A. Vue 与 Angular 都可以用来创建复杂的前端项目

B. Vue 的优势主要包括轻量级、双向数据绑定

C. Vue 在进行实例化之前，应确保已经引入了核心文件 vue.js

D. Vue 与 React 语法是完全相同的

2. 下列关于 Vue 的优势的说法错误的是（ ）。

A. 双向数据绑定　　B. 轻量级框架

C. 增加代码的耦合度　　D. 实现组件化

3. 下列不属于 Vue 开发所需工具的是（ ）。

A. Chrome 浏览器　　B. VS Code 编辑器

C. vue-devtools　　D. 微信开发者工具

4. npm 包管理器是基于（ ）平台使用的。

A. Node.js　　B. Vue　　C. Babel　　D. Angular

5. 下列选项中，用来安装 vue 模块的正确命令是（ ）。

A. npm install vue　　B. node.js install vue

C. node install vue　　D. npm I vue

四、简答题

1. 请简述什么是 Vue。

2. 请简述 Vue 优势有哪些。

3. 请简单介绍 Vue、React 之间的区别。

五、编程题

1. 请使用 Vue 动手创建一个登录页面。

2. 请手动配置 Vue 开发环境。

第 2 章

Vue 开发基础（上）

Vue 不仅改善了前端的开发体验，还极大地提高了开发效率。为了更好地掌握 Vue 的使用方法，本章将对 Vue 基础知识进行讲解，内容包括 Vue 实例的配置选项、data 初始数据的定义、常用的内置指令、使用内置指令实现双向数据绑定和列表渲染、Vue 组件，以及 Vue 生命周期方法等。

教学导航

学习目标	1. 掌握 Vue 实例的创建方法 2. 掌握如何在 Vue 中进行数据绑定 3. 掌握 Vue 的事件监听操作 4. 掌握 Vue 组件的定义和注册方法 5. 掌握 Vue 组件之间的数据传递的方法 6. 掌握 Vue 生命周期钩子函数的使用
教学方式	本章主要以案例讲解、代码演示为主
重点知识	1. Vue 实例 2. Vue 数据绑定 3. Vue 事件 4. Vue 组件
关键词	实例属性、数据绑定、事件绑定、Vue 组件、生命周期

2.1 Vue 实例

在 Vue 项目中，每个 Vue 应用都是通过 Vue 构造器创建新的 Vue 实例开始的。本节将针对 Vue 实例的使用方法进行详细讲解。

2.1.1 创建 Vue 实例

创建 Vue 实例的基本代码如下：

```
1  <script>
2  var vm = new Vue({
3    // 选项
```

```
4 })
5 </script>
```

在上述代码中，第 3 行用于对 Vue 实例进行配置，常用的选项如表 2-1 所示。

表 2-1 Vue 实例配置选项

选项	说明
data	Vue 实例数据对象
methods	定义 Vue 实例中的方法
components	定义子组件
computed	计算属性
filters	过滤器
el	唯一根标签
watch	监听数据变化

对于表 2-1 中列举的这些选项，在后面的小节中我们将会进行详细讲解。

2.1.2 el 唯一根标签

在创建 Vue 实例时，el 表示唯一根标签，class 或 id 选择器可用来将页面结构与 Vue 实例对象 vm 中的 el 绑定。为了让读者更好地理解，下面我们通过例 2-1 进行演示。

【例 2-1】

（1）创建 C:\vue\chapter02 目录，在该目录下创建 demo01.html 文件，将 vue.js 文件放入该目录下，然后在 demo01.html 文件中引入 vue.js 文件，如下所示：

```
1 <script src="vue.js"></script>
```

（2）在 demo01.html 文件中编写代码，创建 vm 实例对象，具体代码如下：

```
1 <!-- 定义唯一根元素 div -->
2 <div id="app">{{name}}</div>
3 <script>
4 var vm = new Vue({
5   el: '#app', // 通过 el 与 div 元素绑定
6   data: {
7     name: 'Vue 实例创建成功！ '
8   }
9 })
10 </script>
```

（3）在浏览器中打开 demo01.html 文件，运行结果如图 2-1 所示。

图 2-1 创建 Vue 实例

注意：

在实际开发中，一个完整的 HTML 文件应该还包含 <!DOCTYPE> 声明、<html> 标签、<head> 标签、<body> 标签等内容。为了节省篇幅，本书对这些代码进行了省略，但在配套源代码中提供了完整代码。读者在学习书中的案例时，应注意加上这些省略的代码。

2.1.3　data 初始数据

Vue 实例的数据对象为 data，Vue 会将 data 的属性转换为 getter、setter，从而让 data 的属性能够响应数据变化。

Vue 实例创建之后，可以通过 vm.$data 访问原始数据对象。Vue 实例也代理了 data 对象上所有的属性，因此访问 vm.name 相当于访问 vm.$data.name。

为了使读者更好地理解，下面我们通过例 2-2 进行代码演示。

【例 2-2】

（1）创建 C:\vue\chapter02\demo02.html 文件，具体代码如下：

```
1  <div id="app">
2    <p>{{name}}</p>
3  </div>
4  <script>
5  var vm = new Vue({
6    el: '#app',
7    data: {
8      name: '定义初始数据'
9    }
10 })
11 console.log(vm.$data.name)
12 console.log(vm.name)
13 </script>
```

上述代码中，第 2 行通过“{{ }}”插值语法将 data 初始数据绑定到 p 元素中。

（2）在浏览器中打开 demo02.html，运行结果如图 2-2 所示。

图 2-2　定义初始数据

2.1.4　methods 定义方法

methods 属性用来定义方法，通过 Vue 实例可以直接访问这些方法。在定义的方法中，this 指向 Vue 实例本身。定义在 methods 属性中的方法可以作为页面中的事件处理方法使用，当事件触发后，执行相应的事件处理方法。

下面我们通过例 2–3 进行代码演示，实现单击按钮更新页面中内容的功能。

【例 2–3】

（1）创建 C:\vue\chapter02\demo03.html 文件，具体代码如下 ：

```
1  <div id="app">
2    <!-- 为 button 按钮绑定 click 事件 -->
3    <button @click="showInfo">请单击</button>
4    <p>{{msg}}</p>
5  </div>
6  <script>
7  var vm = new Vue({
8    el: '#app',
9    data: {
10     msg: ''
11   },
12   methods: {
13      // 定义事件处理方法 showInfo
14     showInfo () {
15       this.msg = '触发单击事件'
16     }
17  }
18 })
19 </script>
```

上述代码中，第 10 行定义了初始数据 msg ；第 4 行使用插值语法将 msg 绑定到页面中 ；第 3 行在 button 按钮上添加了 @click 属性，表示绑定单击事件，事件处理方法为 showInfo ；第 14 ～ 16 行定义了事件处理方法 showInfo，用于改变 msg 的内容。

（2）在浏览器中打开 demo03.html，运行结果如图 2–3 所示。

（3）单击页面中的“请单击”按钮，运行结果如图 2–4 所示。

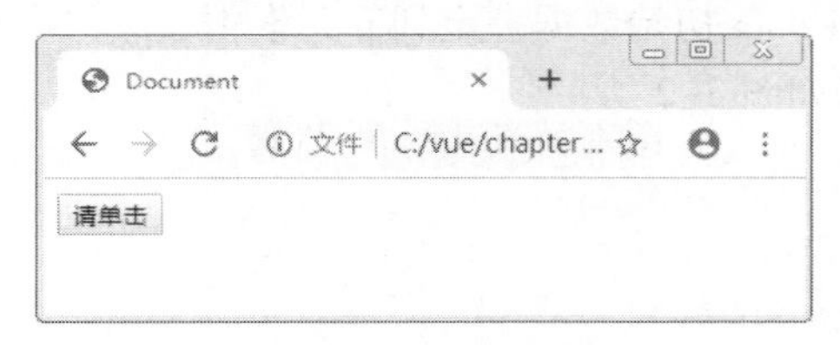

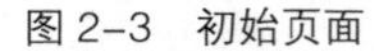
图 2–3　初始页面

图 2–4　触发单击事件

2.1.5　computed 计算属性

Vue 提供了一种更通用的方式来观察和响应 Vue 实例上的数据变动，当有一些数据需要随着其他数据变动而变动时，就需要使用 computed 计算属性。在事件处理方法中，this 指向的 Vue 实例的计算属性结果会被缓存起来，只有依赖的响应式属性变化时，才会重新计算，返回最终结果。下面我们通过例 2–4 演示 computed 计算属性的使用。

【例 2–4】

（1）创建 C:\vue\chapter02\demo04.html 文件，具体代码如下 ：

```
1  <div id="app">
2    <p>总价格：{{totalPrice}}</p>
```

```
3    <p>单价：{{price}}</p>
4    <p>数量：{{num}}</p>
5    <div>
6      <button @click="num == 0 ? 0 : num--">减少数量</button>
7      <button @click="num++">增加数量</button>
8    </div>
9  </div>
```

上述代码中，第2行totalPrice表示商品总价格，总价格是通过商品数量和单价自动计算出来的；第6行对商品数量进行判断，当商品数量为0时，将num设为0，反之，则将num的值减1。

（2）在demo04.html文件中编写JavaScript代码，具体代码如下：

```
1  var vm = new Vue({
2    el: '#app',
3    data: {
4      price: 20,
5      num: 0
6    },
7    computed: {
8      // 总价格totalPrice
9      totalPrice () {
10       return this.price * this.num
11     }
12   }
13 })
```

上述代码中，第9行在computed中编写了总价格处理方法totalPrice，其返回值就是根据商品数量和商品单价相乘计算出的总价格，computed会计算得到最终的计算结果。

（3）在浏览器中打开demo04.html，运行效果如图2-5所示。

图2-5　computed计算属性

在图2-5中，默认商品数量为0件，总价格为0元。单击增加数量按钮时，商品数量加1，总价格会在当前价格的基础上增加20；单击减少数量按钮时，商品数量减1，总价格会在当前价格的基础上减少20。

2.1.6　watch状态监听

Vue中的事件处理方法是根据用户所需自行定义的，它可以通过单击事件、键盘事件等触发条件来触发，但不能自动监听当前Vue实例的状态变化。为了解决上述问题，Vue提供了watch状态监听功能，只需监听当前Vue实例中的数据变化，就会调用当前数据所绑定的事件处理方法。下面我们通过例2-5演示watch状态监听功能的使用。

【例2-5】

（1）创建C:\vue\chapter02\demo05.html文件，具体代码如下：

```
1  <div id="app">
2    <!-- input中的v-model用于在表单控件元素上创建双向数据绑定 -->
3    <input type="text" v-model="cityName">
4  </div>
```

（2）在 demo05.html 中编写 JavaScript 代码，具体代码如下：

```
1  var vm = new Vue({
2    el: '#app',
3    data: {
4      cityName: 'shanghai'
5    },
6    // 使用 watch 监听 cityName 变化
7    watch: {
8      cityName (newName, oldName) {
9        console.log(newName, oldName)
10     }
11   }
12 })
```

（3）在浏览器中打开 demo05.html 文件，运行结果如图 2-6 所示。

（4）打开控制台，修改表单中的内容为 beijing，运行效果如图 2-7 所示。

图 2-6　初始页面

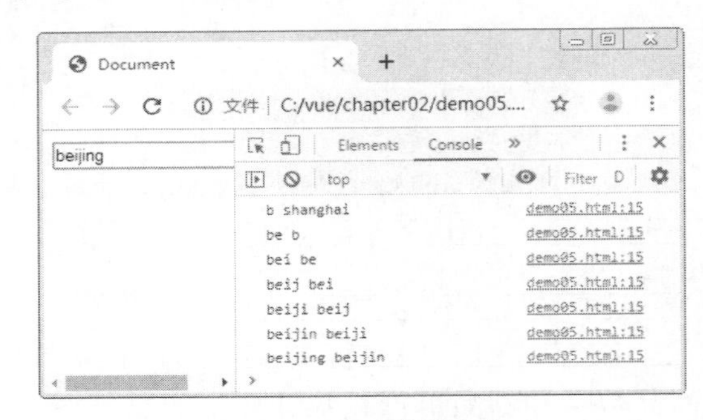

图 2-7　watch 监听变化

从图 2-7 可以看出，watch 成功监听了表单元素中的内容变化。

2.1.7　filters 过滤器

在前端页面开发中，通过数据绑定可以将 data 数据绑定到页面中，页面中的数据经过逻辑层处理后展示最终的结果。数据的变化除了在 Vue 逻辑层进行操作外，还可以通过过滤器来实现。过滤器常用于对数据进行格式化，如字符串首字母改大写、日期格式化等。过滤器有两种使用方式，下面我们分别进行讲解。

1. 在插值表达式中使用过滤器

通过“{{data}}”语法，可以将 data 中的数据插入页面中，该语法就是插值表达式。在插值表达式中还可以使用过滤器来对数据进行处理，语法为“{{data | filter}}”。

下面我们通过例 2-6 演示如何利用过滤器将数据中的小写字母转换成大写字母。

【例 2-6】

（1）创建 C:\vue\chapter02\demo06.html 文件，具体代码如下：

```
1  <div id="app">
2    <div>{{message | toUpcase}}</div>
3  </div>
4  <script>
5  var vm = new Vue({
6    el: '#app',
```

```
7     data: {
8       message: 'helloworld'
9     },
10    filters: {
11      // 将 helloworld 转换为 HELLOWORLD
12      toUpcase (value) {
13        return value ? value.toUpperCase() : ''
14      }
15    }
16 })
17 </script>
```

上述代码中，message作为参数传递到toUpcase过滤器中执行，toUpcase将返回的最终结果展示到页面中。第2行代码中的符号“|”称为管道符，管道符之前代码执行的结果会传到后面作为参数进行处理。在多个参数进行传递时，第一个参数就是前一个方法执行的结果，如value就是helloworld。

（2）在浏览器中打开demo06.html，运行效果如图2-8所示。

图2-8　在插值表达式中使用过滤器

2. 在v-bind属性绑定中使用过滤器

v-bind用于属性绑定，如“v-bind:id="data"”表示绑定id属性，值为data。在data后面可以加过滤器，语法为“data | filter”。下面我们通过例2-7进行代码演示。

【例2-7】

（1）创建C:\vue\chapter02\demo07.html文件，具体代码如下：

```
1  <div id="app">
2    <div v-bind:id="dataId | formatId">helloworld</div>
3  </div>
4  <script>
5  var vm = new Vue({
6    el: '#app',
7    data: {
8      dataId: 'dff1'
9    },
10   filters: {
11     formatId (value) {
12       // 字符串处理
13       return value ? value.charAt(1) + value.indexOf('d') : ''
14     }
15   }
16 })
17 </script>
```

上述代码中，第2行的id属性通过v-bind与data中的dataId绑定，并且通过管道符传递给了formatId进行处理；第11行的formatId()方法需要定义在filters选项中；第13行的chartAt()是字符串处理的方法，参数为索引值，当前获取的是索引为1的字符f，而indexOf()方法的参数为指定字符，当前获取的是字符d所在的索引0。

（2）在浏览器中打开demo07.html文件，运行结果如图2-9所示。

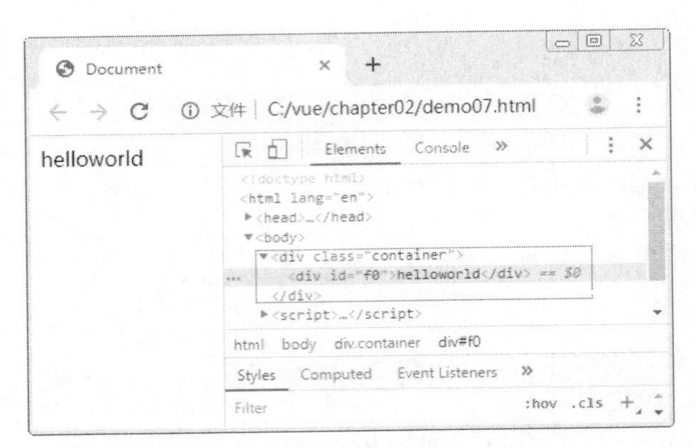

图 2-9 在 v-bind 属性绑定中使用过滤器

2.2 Vue 数据绑定

Vue 中的数据绑定功能极大地提高了开发效率。本节将会讲解如何实现元素样式绑定以及类名控制，如何通过 v-for 内置指令绑定数组实现列表结构等，并通过一个计算器的案例来演示如何将 v-model 指令应用到实际开发中。

2.2.1 绑定样式

Vue 提供了样式绑定功能，可以通过绑定内联样式和绑定样式类这两种方式来实现。下面我们分别进行讲解。

1. 绑定内联样式

在 Vue 实例中定义的初始数据 data，可以通过 v-bind 将样式数据绑定给 DOM 元素，下面我们通过例 2-8 进行代码演示。

【例 2-8】

（1）创建 C:\vue\chapter02\demo08.html 文件，具体代码如下：

```
1  <div id="app">
2    <!-- 绑定样式属性值 -->
3    <div v-bind:style="{backgroundColor:pink,width:width,height:height}">
4      <!-- 绑定样式对象 -->
5      <div v-bind:style="myDiv"></div>
6    </div>
7  </div>
8  <script>
9  var vm = new Vue({
10   el: '#app',
11   data: {
12     myDiv: {backgroundColor: 'red', width: '100px', height: '100px'},
13     pink: 'pink',
14     width: '100%',
15     height: '200px'
16   }
17 })
18 </script>
```

（2）在浏览器中打开 demo08.html，运行结果如图 2-10 所示。

在图 2-10 所示结果中，内层 div 的样式是通过绑定 myDiv 样式对象实现的，外层 div 的样式是绑定 data 数据中定义的样式属性名实现的。

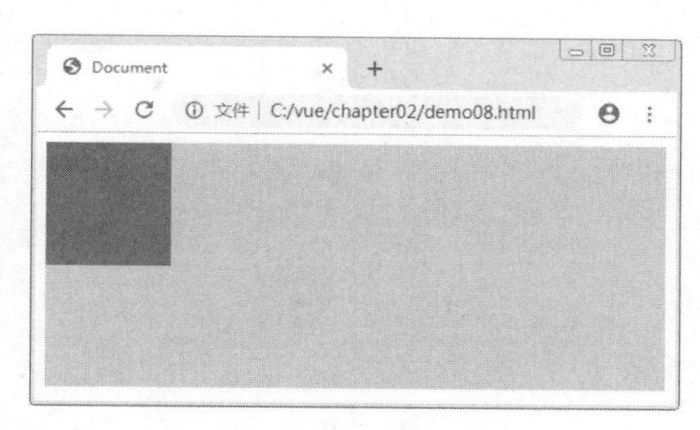

图 2-10　绑定内联样式

值得一提的是，使用 v-bind 绑定样式时，Vue 做了专门的增强，表达式结果的类型除了字符串之外，还可以是对象或数组。

2. 绑定样式类

样式类即以类名定义元素的样式，下面我们通过例 2-9 演示样式类的绑定。

【例 2-9】

（1）创建 C:\vue\chapter02\demo09.html 文件，具体代码如下：

```
1  <div id="app">
2    <div v-bind:class="box"> 我是 box
3      <div v-bind:class="inner"> 我是 inner1</div>
4      <div v-bind:class="inner"> 我是 inner2</div>
5    </div>
6  </div>
7  <script>
8  var vm = new Vue({
9    el: '#app',
10   data: {
11     box: 'box',
12     inner: 'inner'
13   }
14 })
15 </script>
```

在上述代码中，第 2 ～ 4 行通过 v-bind 绑定了 class 类名属性，第 11 ～ 12 行用于在 data 数据中定义类名 box 和 inner。

（2）在 demo09.html 文件中编写样式，具体代码如下：

```
1  .box {
2    background-color: pink;
3    width: 100%;
4    height: 200px;
5  }
6  .inner {
7    background-color: red;
8    width: 100px;
9    height: 50px;
10   border: 2px solid white;
11 }
```

上述代码中，box 样式为外部的 div 结构样式，背景色为粉色；inner 类样式表示内部 div 样式，背景色为红色。

（3）在浏览器中打开 demo09.html 文件，运行结果如图 2-11 所示。

从图 2–11 可以看出，Vue 已经成功将类样式绑定到页面中。

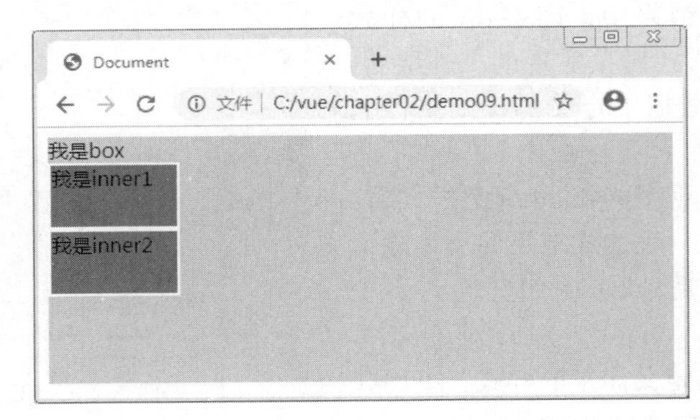

图 2–11 绑定类样式

2.2.2 内置指令

Vue 为开发者提供了内置指令，通过内置指令就可以用简洁的代码实现复杂的功能。常用内置指令如表 2–2 所示。

表 2–2 常用内置指令

指令	说明
v–model	双向数据绑定
v–on	监听事件
v–bind	单向数据绑定
v–text	插入文本内容
v–html	插入包含 HTML 的内容
v–for	列表渲染
v–if	条件渲染
v–show	显示隐藏

Vue 的内置指令书写规则以 v 开头，后缀用来区分指令的功能，且通过短横线连接。指令必须写在 DOM 元素上。另外，内置指令还可以使用简写方式，例如，v–on:click 简写为 @click，v–bind:class 简写为 :class。

小提示：

在 Vue 2.0 中，代码复用和抽象的主要形式是组件，然而，有的情况下，仍然需要对普通 DOM 元素进行底层操作，这时候就会用到自定义指令。自定义指令会在后续的内容中详细讲解。

1. v–model

v–model 主要实现数据双向绑定，通常用在表单元素上，例如 input、textarea、select 等，下面我们通过例 2–10 进行演示。

【例 2–10】

（1）创建 C:\vue\chapter02\demo10.html 文件，具体代码如下：

```
1  <div id="app">
2    <input type="text"  v-model="msg">
```

```
3  </div>
4  <script>
5  var vm = new Vue({
6    el: '#app',
7    data: {
8      msg: 'v-model 指令'
9    }
10 })
11 </script>
```

上述代码中，第 2 行使用 input 元素定义一个文本输入框，type 属性值为 text，通过 v-model 指令绑定了 data 中的 msg 数据。

（2）在浏览器中打开 demo10.html，运行结果如图 2-12 所示。

（3）在控制台中查看 vm.msg 属性，其输出结果为“v-model 指令”。这时我们改变 msg 的值为“双向数据绑定”，此时输入框显示的值与 msg 的值保持一致，如图 2-13 所示。

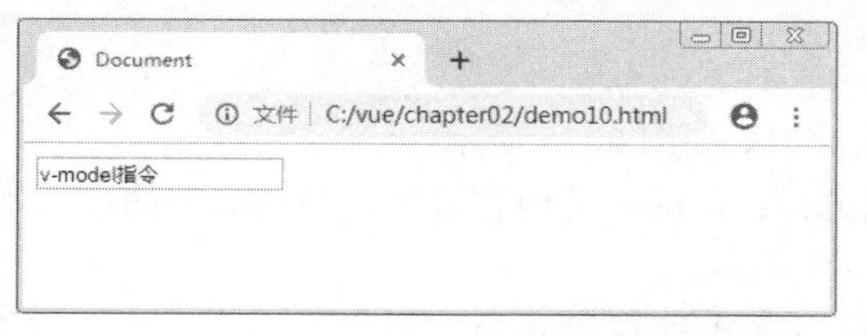

图 2-12　v-model 指令

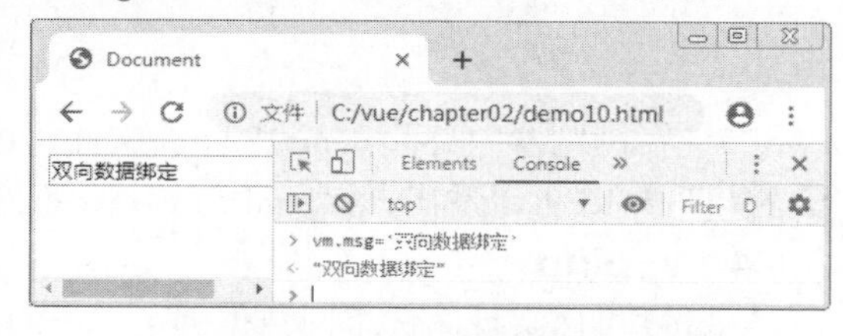

图 2-13　双向数据绑定

从图 2-13 可以看出，双向数据绑定是数据驱动视图的结果。如果修改输入框内容为新值，则 vm.msg 值也会发生改变，所以通过 v-model 可以实现双向数据绑定。

2. v-text

v-text 是在 DOM 元素内部插入文本内容，下面我们通过例 2-11 进行演示。

【例 2-11】

（1）创建 C:\vue\chapter02\demo11.html 文件，具体代码如下：

```
1  <div id="app">
2    <p v-text="msg"></p>
3  </div>
4  <script>
5  var vm = new Vue({
6    el: '#app',
7    data: {
8      msg: '我是 v-text'
9    }
10 })
11 </script>
```

（2）在浏览器中打开 demo11.html 文件，运行结果如图 2-14 所示。

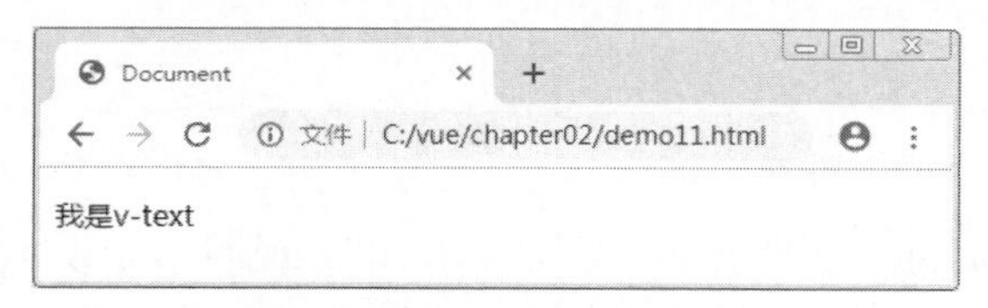

图 2-14　v-text 指令

在图 2-14 中，运行结果为“我是 v-text”，说明 v-text 成功绑定了 msg 数据信息。

3. v-html

v-html 是在 DOM 元素内部插入 HTML 标签内容，下面我们通过例 2-12 进行演示。

【例 2-12】

（1）创建 C:\vue\chapter02\demo12.html 文件，具体代码如下：

```
1  <div id="app">
2    <div v-html="msg"></div>
3  </div>
4  <script>
5  var vm = new Vue({
6    el: '#app',
7    data: {
8      msg: '<h2>我是 v-html</h2>'
9    }
10 })
11 </script>
```

（2）在浏览器中打开 demo12.html 文件，运行结果如图 2-15 所示。

从图 2-15 可以看出，v-html 与 v-text 不同的是，v-html 的内容可以是 HTML 结构。

4. v-bind

v-bind 可以实现属性单向数据绑定，下面我们通过例 2-13 进行演示。

【例 2-13】

（1）创建 C:\vue\chapter02\demo13.html 文件，具体代码如下：

```
1  <div id="app">
2    <input v-bind:value="msg">
3  </div>
4  <script>
5  var vm = new Vue({
6    el: '#app',
7    data: {
8      msg: '我是 v-bind'
9    }
10 })
11 </script>
```

上述代码中，第 2 行通过 v-bind 绑定 value 值，value 为表单元素属性，表示输入框的文本内容。另外，v-bind:value 还可以简写为 :value。

（2）在浏览器中打开 demo13.html，运行结果如图 2-16 所示。

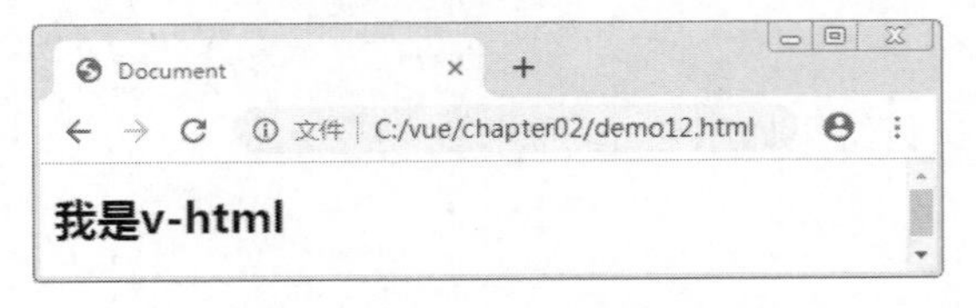

图 2-15　v-html 指令

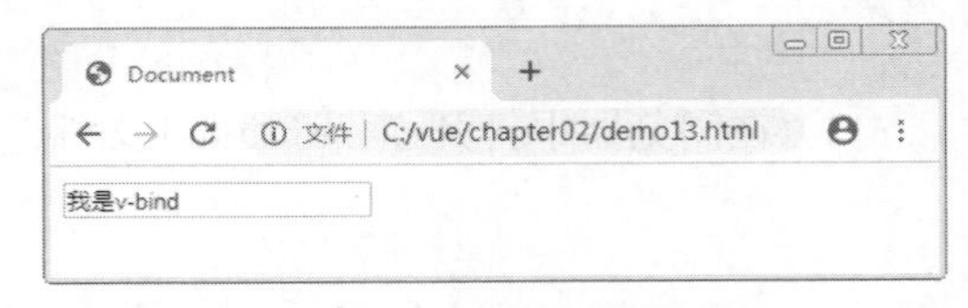

图 2-16　v-bind 指令

在图 2-16 中，input 输入框中显示“我是 v-bind”，说明 msg 数据绑定已经成功。

需要注意的是，当改变 vm.msg 值时，页面中数据会自动更新，但不能实现视图驱动数据变化，所以 v-bind 是单向数据绑定，而不是双向数据绑定。

5. v-on

v-on 是事件监听指令，直接与事件类型配合使用，下面我们通过例 2-14 进行演示。

【例 2-14】

（1）创建 C:\vue\chapter02\demo14.html 文件，具体代码如下：

```
1  <div id="app">
2    <p>{{msg}}</p>
3    <button v-on:click="showInfo">请单击</button>
4  </div>
5  <script>
6  var vm = new Vue({
7    el: '#app',
8    data: {msg: '请单击按钮查看内容'},
9    methods: {
10     showInfo () {
11       this.msg = '我是 v-on 指令'
12     }
13   }
14 })
15 </script>
```

上述代码中，第 3 行的 v-on 指令为按钮绑定了事件，其中 click 表示单击事件，此处也可以简写为 @click 形式。

（2）在浏览器中打开 demo14.html，运行结果如图 2-17 所示。

在图 2-17 中，页面展示的初始数据 msg 为“请单击按钮查看内容”。

（3）单击“请单击”按钮后，运行结果如图 2-18 所示。

图 2-17　初始页面

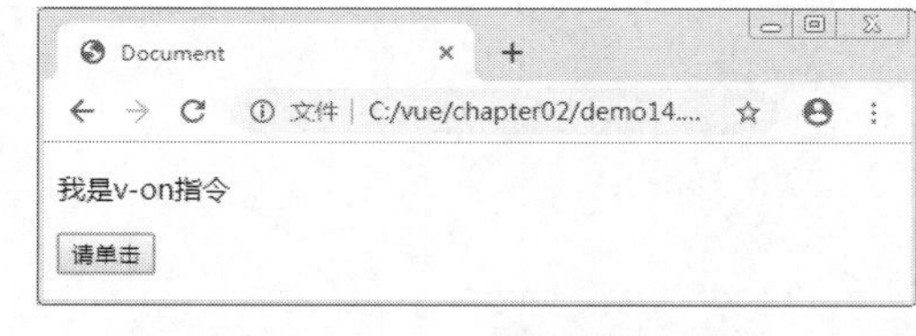

图 2-18　v-on 绑定的单击事件触发

在图 2-18 中，单击“请单击”按钮后，页面中的 msg 数据变为“我是 v-on 指令”，说明单击事件成功绑定并执行。

6. v-for

v-for 可以实现页面列表渲染，常用来循环数组。下面我们通过例 2-15 进行演示。

【例 2-15】

（1）创建 C:\vue\chapter02\demo15.html 文件，具体代码如下：

```
1  <div id="app">
2    <div v-for="(item,index) in list" data-id="index">
3      索引是：{{index}}，元素内容是：{{item}}
4    </div>
5  </div>
6  <script>
7  var vm = new Vue({
```

```
8    el: '#app',
9    data: {
10     list: [1, 2, 3]
11   }
12 })
13 </script>
```

在上述代码中，第 2 行的 item 表示每一项元素内容，index 表示当前元素索引值，list 是定义在 data 中的 list 数组，里面包含数值 1、2、3。如果用不到索引值，可以将“(item,index)”简写为 item。

（2）在浏览器中打开 demo15.html 文件，运行结果如图 2-19 所示。

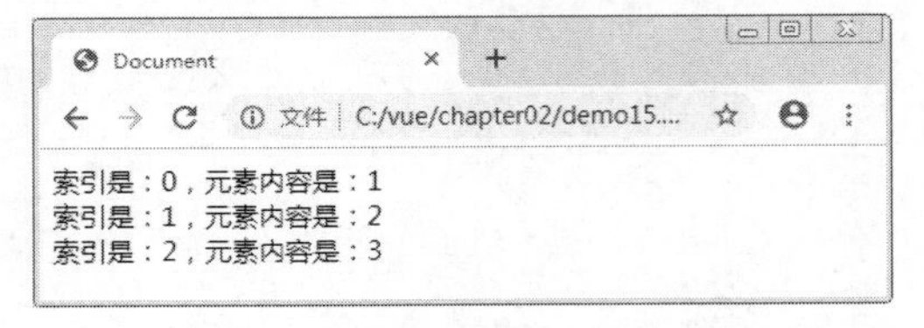

图 2-19　v-for 指令

在图 2-19 中，通过插值语法完成了数据绑定且渲染页面。需要注意的是，在 Vue 2.2.0 以上版本的组件中使用 v-for 时，索引 index 是必须要添加的，否则程序会发出警告。

7. v-if 和 v-show

v-if 用来控制元素显示或隐藏，属性为布尔值。v-show 可以实现与 v-if 同样的效果，但是 v-show 是操作元素的 display 属性，而 v-if 会对元素进行删除和重新创建，所以 v-if 在性能上不如 v-show。下面我们通过例 2-16 进行演示。

【例 2-16】

（1）创建 C:\vue\chapter02\demo16.html 文件，具体代码如下：

```
1  <div id="app">
2    <div v-if="isShow" style="background-color:#ccc;">我是v-if</div>
3    <button @click="isShow=!isShow">显示 / 隐藏 </button>
4  </div>
5  <script>
6  var vm = new Vue({
7    el: '#app',
8    data: {
9      isShow: true
10   }
11 })
12 </script>
```

上述代码中，第 2 行的 v-if 指令绑定了 isShow 的值，默认值是 true 表示显示；第 3 行的按钮用来切换 isShow 的状态属性值。另外，读者也可以将第 2 行代码中的 v-if 改为 v-show，观察两者的区别。

（2）在浏览器中打开 demo16.html，运行结果如图 2-20 所示。

（3）单击按钮“显示 / 隐藏”，运行结果如图 2-21 所示。

图 2-20　初始页面

图 2-21　隐藏效果

2.2.3 学生列表案例

在学习了前面的内容后，我们就可以利用 Vue 开发一个简单的学生列表页面，来实现学生信息的添加和删除了，具体步骤如例 2–17 所示。

【例 2–17】

（1）创建 C:\vue\chapter02\demo17.html 文件，具体代码如下：

```
1  <div id="app">
2    <button @click="add">添加学生</button>
3    <button @click="del">删除学生</button>
4    <table border="1" width="50%" style="border-collapse: collapse">
5      <tr>
6        <th>班级</th>
7        <th>姓名</th>
8        <th>性别</th>
9        <th>年龄</th>
10     </tr>
11     <tr align="center" v-for="item in students">
12       <td>{{item.grade}}</td>
13       <td>{{item.name}}</td>
14       <td>{{item.gender}}</td>
15       <td>{{item.age}}</td>
16     </tr>
17   </table>
18 </div>
```

上述代码是学生信息列表的结构，其中，第 2、3 行代码定义了操作学生信息的按钮，分别是“添加学生”和“删除学生”；第 11 行代码使用 v–for 进行了列表渲染。

（2）在 demo17.html 文件编写 JavaScript 代码，具体代码如下：

```
1  var vm = new Vue({
2    el: '#app',
3    data: {
4      students: []
5    },
6    methods: {
7      // 添加学生信息
8      add () {
9        var student = {grade: '1', name: '张三', gender: '男', age: 25}
10       this.students.push(student)
11     },
12     // 删除学生信息
13     del () {
14       this.students.pop()
15     }
16   }
17 })
```

上述代码中，学生信息是一个数组，第 8 ～ 15 行在 methods 中分别定义了 add 和 del 事件处理方法，当单击“添加学生”按钮时，会向学生列表中添加一条学生信息，当单击“删除学生”按钮时，会从学生列表中删除一条学生信息。

（3）在浏览器中打开 demo17.html 文件，运行结果如图 2–22 所示。

（4）在页面中单击“添加学生”按钮和“删除学生”按钮，观察运行结果。例如，在学生列表中添加 4 条学生信息后，运行结果如图 2–23 所示。

图 2–22　初始页面

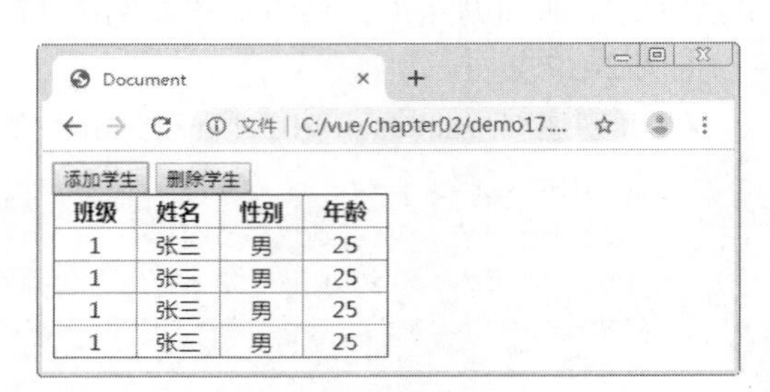

图 2–23　添加学生

2.3　Vue 事件

在前端开发中，开发人员经常需要为元素绑定事件，为此，Vue 提供了非常灵活的事件绑定机制。本节将针对 Vue 中的事件监听和常用的事件修饰符进行详细讲解。

2.3.1　事件监听

在 Vue 中可以使用内置指令 v–on 监听 DOM 事件，并在触发时运行一些 JavaScript 代码，或绑定事件处理方法。其中，绑定事件处理方法在前面已经讲过，接下来我们将对事件监听的一些其他的用法进行讲解。

1. 在触发事件时执行 JavaScript 代码

v–on 允许在触发事件时执行 JavaScript 代码，下面我们通过例 2–18 进行演示。

【例 2–18】

（1）创建 C:\vue\chapter02\demo18.html 文件，具体代码如下：

```
1  <div id="app">
2    <button v-on:click="count+=Math.random()">随机数</button>
3    <p>自动生成的随机数是{{count}}</p>
4  </div>
5  <script>
6  var vm = new Vue({
7    el: '#app',
8    data: {
9      count: 0
10   }
11 })
12 </script>
```

（2）在浏览器中打开 demo18.html 文件，运行结果如图 2–24 所示。

（3）单击“随机数”按钮，运行结果如图 2–25 所示。

2. 使用按键修饰符监听按键

在监听键盘事件时，经常需要检查常见的键值。为了方便开发，Vue 允许为 v–on 添加按键修饰符来监听按键，如 Enter、空格、Shift 和 PageDown 等。下面我们以 Enter 键为例进行演示，具体如例 2-19 所示。

图 2-24 初始页面

图 2-25 click 事件

【例 2-19】

（1）创建 C:\vue\chapter02\demo19.html 文件，具体代码如下：

```
1  <div id="app">
2    <input type="text" v-on:keyup.enter="submit">
3  </div>
4  <script>
5  var vm = new Vue({
6    el: '#app',
7    methods: {
8      submit () {
9        console.log('表单提交')
10     }
11   }
12 })
13 </script>
```

上述代码中，当按下键盘的回车键后，就会触发 submit() 事件处理方法。

（2）在浏览器中打开 demo19.html，单击 input 输入框使其获得焦点，然后按 Enter 键，运行结果如图 2-26 所示。

从图 2-26 可以看出，控制台输出了“表单提交”，说明键盘事件绑定成功且执行。

图 2-26 按 Enter 键触发事件

2.3.2 事件修饰符

事件修饰符是自定义事件行为，配合 v-on 指令来使用，写在事件之后，用“.”符号连接，如“v-on:click.stop”表示阻止事件冒泡。常用的事件修饰符如表 2-3 所示。

表 2-3 常用事件修饰符

修饰符	说明
.stop	阻止事件冒泡
.prevent	阻止默认事件行为
.capture	事件捕获
.self	将事件绑定到自身，只有自身才能触发
.once	事件只触发一次

在表 2-3 中所列的不同的事件修饰符会产生不同的功能。为了使读者更好地理解，下面我们分别进行详细讲解。

1. .stop 阻止事件冒泡

在前端开发中，复杂的页面结构需要很多事件来完成交互行为。默认的事件传递方式是冒泡，所以同一事件类型会在元素内部和外部触发，有可能会造成事件的错误触发，所以就需要使用 .stop 修饰符阻止事件冒泡行为。下面我们通过例 2-20 进行代码演示。

【例 2-20】

（1）创建 C:\vue\chapter02\demo20.html 文件，具体代码如下：

```
1  <div id="app">
2    <div v-on:click="doParent">
3      <button v-on:click="doThis"> 事件冒泡 </button>
4      <button v-on:click.stop="doThis"> 阻止事件冒泡 </button>
5    </div>
6  </div>
7  <script>
8  var vm = new Vue({
9    el: '#app',
10   methods: {
11     doParent () {
12       console.log(' 我是父元素单击事件 ')
13     },
14     doThis () {
15       console.log(' 我是被单击元素事件 ')
16     }
17   }
18 })
19 </script>
```

（2）打开 demo20.html 文件，单击“事件冒泡”按钮，运行结果如图 2-27 所示。

如图 2-27 所示，控制台输出结果为“我是被单击元素事件”和“我是父元素单击事件”，说明子元素和父元素绑定的事件处理方法同时触发。

（3）刷新页面后，单击“阻止事件冒泡”按钮，运行结果如图 2-28 所示。

图 2-27 事件冒泡

图 2-28 .stop 阻止事件冒泡

从图 2-28 中可以看出，事件冒泡行为已成功被阻止。

2. .prevent 阻止默认事件行为

HTML 标签具有自身特性，例如，<a> 标签被单击时会自动跳转。在实际开发中，如果 <a> 标签的默认行为与事件发生冲突，此时可以使用 .prevent 修饰符来阻止 <a> 标签的默认行为。下面我们通过例 2-21 进行代码演示。

【例2-21】

（1）创建C:\vue\chapter02\demo21.html文件，具体代码如下：

```
1  <div id="app">
2    <a href="https://www.baidu.com" v-on:click.prevent>阻止默认行为</a>
3    <a href="https://www.baidu.com">不阻止默认行为</a>
4  </div>
5  <script>
6  var vm = new Vue({
7    el: '#app'
8  })
9  </script>
```

（2）在浏览器中打开demo21.html文件，运行结果如图2-29所示。

（3）单击“阻止默认行为”链接，页面不会发生变化；而单击“不阻止默认行为”按钮，页面会跳转到https://www.baidu.com页面。

3. .capture事件捕获

事件捕获的执行顺序是由外部结构向内部结构执行，与事件冒泡的顺序相反。下面我们通过例2-22演示事件捕获的过程。

【例2-22】

（1）创建C:\vue\chapter02\demo22.html文件，具体代码如下：

```
1  <div id="app">
2    <div v-on:click.capture="doParent">
3      <button v-on:click="doThis">事件捕获</button>
4    </div>
5  </div>
6  <script>
7  var vm = new Vue({
8    el: '#app',
9    methods: {
10     doParent () {
11       console.log('我是父元素的单击事件')
12     },
13     doThis () {
14       console.log('我是当前元素的单击事件')
15     }
16   }
17 })
18 </script>
```

（2）打开demo22.html文件，单击“事件捕获”按钮，运行结果如图2-30所示。

图2-29　初始页面

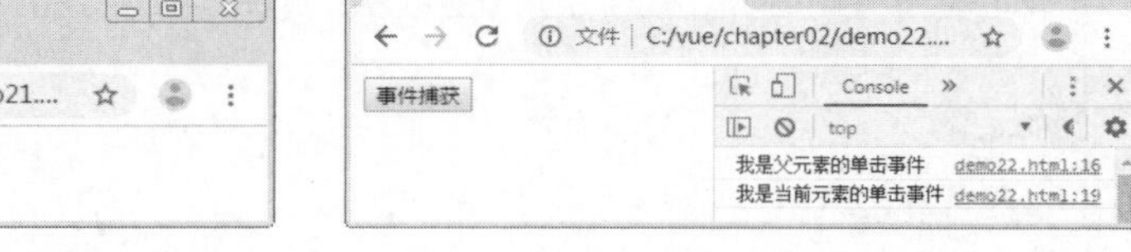

图2-30　事件捕获

如图2-30所示，单击“事件捕获”按钮，控制台首先输出了“我是父元素的单击事件”，然后输出了“我是当前元素的单击事件”，说明事件的执行顺序为从外部到内部，这就是事件捕获的效果。

4. .self 自身触发

事件修饰符 .self 用来实现只有 DOM 元素本身会触发事件，下面我们通过例 2-23 进行演示。

【例 2-23】

（1）创建 C:\vue\chapter02\demo23.html 文件，具体代码如下：

```
1  <style>
2    .Odiv1 {width: 80px; height: 80px; background: #aaa; margin:5px;}
3    .Odiv2 {width: 50px; height: 50px; background: #ccc;}
4  </style>
5  <div id="app">
6    <div class="Odiv1" v-on:click.self="doParent">a
7      <div class="Odiv2" v-on:click="doThis">b</div>
8    </div>
9    <div class="Odiv1" v-on:click="doParent">c
10     <div class="Odiv2" v-on:click.self="doThis">d</div>
11   </div>
12 </div>
13 <script>
14 var vm = new Vue({
15   el: '#app',
16   methods: {
17     doParent () {
18       console.log('我是父元素的单击事件')
19     },
20     doThis () {
21       console.log('我是当前元素的单击事件')
22     }
23   }
24 })
25 </script>
```

（2）在浏览器中打开 demo23.html，运行结果如图 2-31 所示。

在图 2-31 所示的界面中，单击 b 区域时，只有 doThis() 方法执行，单击 d 区域时，doThis() 方法和 doParent() 方法会依次执行。

5. .once 只触发一次

事件修饰符 .once 用于阻止事件多次触发，只触发一次，下面我们通过例 2-24 进行演示。

【例 2-24】

（1）创建 C:\vue\chapter02\demo24.html 文件，具体代码如下：

```
1  <div id="app">
2    <button v-on:click.once="doThis">只执行一次</button>
3  </div>
4  <script>
5  var vm = new Vue({
6    el: '#app',
7    methods: {
8      doThis () {
9        console.log('我是当前元素的单击事件且只执行一次')
10     }
```

```
11    }
12 })
13 </script>
```

（2）打开 demo25.html 文件，单击“只执行一次”按钮，运行结果如图 2-32 所示。

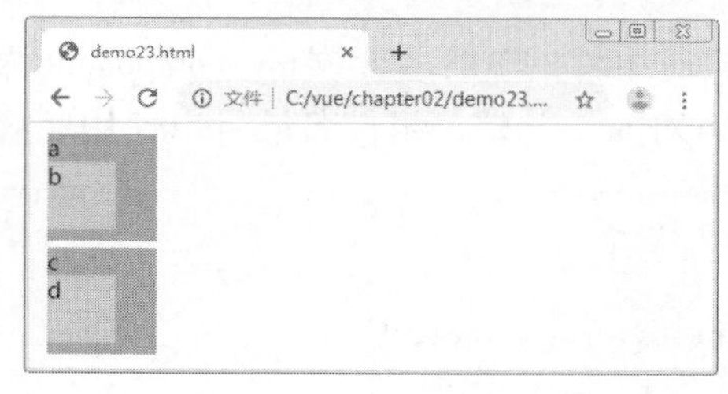

图 2-31　初始页面

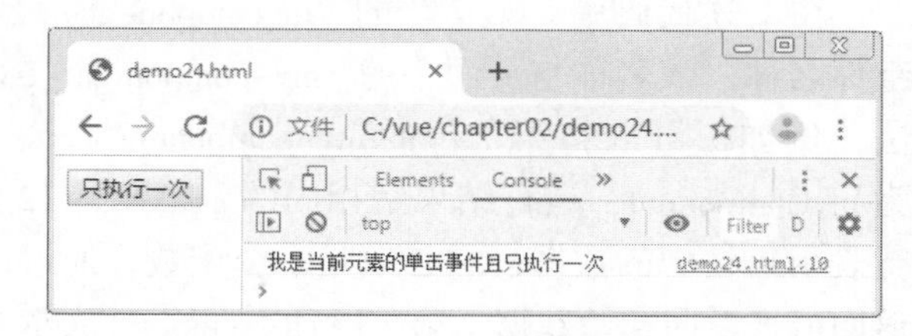

图 2-32　.once 修饰符

如图 2-32 所示，单击“只执行一次”按钮，控制台中输出了“我是当前元素单击事件且执行一次”；当多次单击“只执行一次”按钮时，控制台的输出结果没有变化。

需要注意的是，事件修饰符可以控制事件按照一定规则触发，在使用修饰符时，书写的顺序很重要。例如，v-on:click.prevent.self 会阻止所有的单击，而 v-on:click.self.prevent 只会阻止对元素本身的单击。

2.4 Vue 组件

Vue 可以进行组件化开发，组件是 Vue 的基本结构单元，开发过程中使用起来非常方便灵活，只需要按照 Vue 规范定义组件，将组件渲染到页面即可。组件能实现复杂的页面结构，提高代码的可复用性。下面我们就对 Vue 的组件进行讲解。

2.4.1 什么是组件

在 Vue 中，组件是构成页面中独立结构单元，能够减少重复代码的编写，提高开发效率，降低代码之间的耦合程度，使项目更易维护和管理。组件主要以页面结构的形式存在，不同组件也具有基本交互功能，根据业务逻辑实现复杂的项目功能。

下面我们通过一个案例演示组件的定义和使用，如例 2-25 所示。

【例 2-25】

（1）创建 C:\vue\chapter02\demo25.html 文件，具体代码如下：

```
1  <div id="app">
2    <my-component></my-component>
3    <my-component></my-component>
4    <my-component></my-component>
5  </div>
6  <script>
7  Vue.component('my-component', {
8    data () {
9      return {
10       count: 0
11     }
```

```
12   },
13   template: '<button v-on:click="count++">被单击 {{count}} 次 </button>'
14 })
15 var vm = new Vue({ el: '#app' })
16 </script>
```

在上述代码中，第 7 行的 Vue.component() 表示注册组件的 API，参数 my-component 为组件名称，该名称与页面中的 <my-component> 标签名对应，此外，组件名还可以使用驼峰法，例如，可以将第 7 行的 my-component 修改为 myComponent，运行结果是相同的；第 8 ～ 12 行表示组件中的数据，它必须是一个函数，通过返回值来返回初始数据；第 13 行的 template 表示组件的模板。

图 2-33　定义组件

（2）在浏览器中打开 demo25.html，运行结果如图 2-33 所示。

如图 2-33 所示，一共有 3 个 my-component 组件，单击某一个组件时，它的 count 值会进行累加。不同的按钮具有不同的 count 值，它们各自统计自己被单击的次数。

通过例 2-25 可以看出，利用 Vue 的组件功能可以非常方便地复用页面代码，实现一次定义、多次使用的效果。

2.4.2 局部注册组件

前面学习的 Vue.component() 方法用于全局注册组件，除了全局注册组件外，还可以局部注册组件，即通过 Vue 实例的 components 属性来实现。下面我们通过例 2-26 进行演示。

【例 2-26】

（1）创建 C:\vue\chapter02\demo26.html 文件，具体代码如下：

```
1  <div id="app">
2    <my-component></my-component>
3  </div>
4  <script>
5    var com1 = {
6      template: '<p> 我是 vm 实例中的局部组件 </p>'
7    }
8    var vm = new Vue({
9      el: '#app',
10     // 注册局部组件
11     components: { myComponent: com1 }
12   })
13 </script>
```

在上述代码中，第 11 行的 components 表示组件配置选项，注册组件时只需要将组件在 components 内部完成定义即可。

（2）在浏览器中打开 demo26.html，运行结果如图 2-34 所示。

图 2-34　components 配置

2.4.3 template 模板

在前面的开发中，template 模板是用字符串保存的，这种方式不仅容易出错，也不适合编写复杂的页面结构。实际上，模板代码是可以写在 HTML 结构中的，这样就有利于在编辑器中显示代码提示和高亮显示，不仅改善了开发体验，也提高了开发效率。

Vue 提供了 <template> 标签来定义结构的模板，可以在该标签中书写 HTML 代码，然后通过 id 值绑定到组件内的 template 属性上。下面我们通过例 2-27 演示模板的使用。

【例 2-27】

（1）创建 C:\vue\chapter02\demo27.html 文件，具体代码如下：

```
1  <div id="app">
2    <p>{{title}}</p>
3    <my-component></my-component>
4  </div>
5  <template id="tmp1">
6    <p>{{title}}</p>
7  </template>
8  <script>
9  Vue.component('my-component', {
10   template: '#tmp1',
11   data () {
12     return {
13       title: '我是组件内的 title',
14     }
15   }
16 })
17 var vm = new Vue({
18   el: '#app',
19   data: {
20     title: '我是 vm 实例的 title'
21   }
22 })
23 </script>
```

在上述代码中，第 5 行为 template 模板定义了 id 属性，其值为 tmp1，然后在第 10 行通过 #tmp1 与组件模板绑定。

（2）在浏览器中打开 demo27.html 文件，运行结果如图 2-35 所示。

图 2-35　template 模板

小提示：

在全局注册组件时，组件接收的配置选项，与创建 Vue 实例时的配置选项基本相同，都可以使用 methods 来定义方法。组件内部具有自己的独立作用域，不能直接被外部访问。

2.4.4 组件之间的数据传递

在 Vue 中，组件实例具有局部作用域，组件之间的数据传递需要借助一些工具（如 props 属性）来实现父组件向子组件传递数据信息。父组件和子组件的依赖关系是完成数据传递的基础，组件之间数据信息传递的过程如图 2-36 所示。

在图 2-36 所示的过程中，父组件向子组件传递是数据从外部向内部传递，子组件向父组件传递是数据从内部向外部传递。

在 Vue 中，数据传递主要通过 props 属性和 $emit 方式来实现，下面我们分别进行讲解。

1. props 传值

props 即道具，用来接受父组件中定义的数据，其值为数组，数组中是父组件传递的数据信息。下面我们通过例 2-28 演示 props 的使用。

【例 2-28】

（1）创建 C:\vue\chapter02\demo28.html 文件，具体代码如下：

```
1  <div id="app">
2    <my-parent name="title"></my-parent>
3  </div>
4  <script>
5  Vue.component('my-parent',{
6    props: ['name'],
7    template: '<div> 我是父组件 {{name}}</div>'
8  })
9  var vm = new Vue({
10   el: '#app'
11 })
12 </script>
```

在上述代码中，第 6 行的 props 接收 name 数据，name 在父组件中定义，同时 name 可以与 data 绑定，当 data 数据发生改变时，组件中的 name 值也发生变化。

（2）在浏览器中打开 demo28.html，运行结果如图 2-37 所示。

图 2-36 组件之间依赖关系

图 2-37 props 传值

在图 2-37 所示的页面中，页面显示"我是父组件 title"，说明父组件信息已经传递到子组件。

需要注意的是，props 是以从上到下的单向数据流传递，且父级组件的 props 更新会向下流动到子组件中，但是反过来则不行。

2. $emit 传值

$emit 能够将子组件中的值传递到父组件中去。$emit 可以触发父组件中定义的事件，子组件的数据信息通过传递参数的方式完成。下面我们通过例 2-29 进行代码演示。

【例 2-29】

（1）创建 C:\vue\chapter02\demo29.html 文件，具体代码如下：

```
1  <div id="app">
2    <parent></parent>
3  </div>
4  <template id="child">
5    <div>
6      <button @click="click">Send</button>
7      <input type="text" v-model="message">
8    </div>
9  </template>
10 <script>
11 Vue.component('parent', {
12   template: '<div><child @childfn="transContent"></child>' +
13             ' 子组件传来的值 ：{{message}}</div>',
14   data () {
15     return {
16       message: ''
17     }
18   },
19   methods: {
20     transContent (payload) {
21       this.message = payload
22     }
23   }
24 })
25 // child 组件
26 Vue.component('child', {
27   template: '#child',
28   data () {
29     return {
30       message: ' 子组件的消息 '
31     }
32   },
33   methods: {
34     click () {
35       this.$emit('childfn', this.message);
36     }
37   }
38 })
39 var vm = new Vue({ el: '#app' })
40 </script>
```

在上述代码中，第 12 行的 @childfn 是在 child 组件上绑定了一个名为 childfn 的事件，其值为事件处理方法 transContent，且定义在 parent 父组件 methods 配置选项中。

（2）在浏览器中打开 demo29.html 文件，运行结果如图 2-38 所示。

（3）单击“Send”按钮，运行结果如图 2-39 所示。

如图 2-39 所示，单击“Send”按钮后，页面中显示了“子组件的消息”，说明成功完成了子组件向父组件的传值。

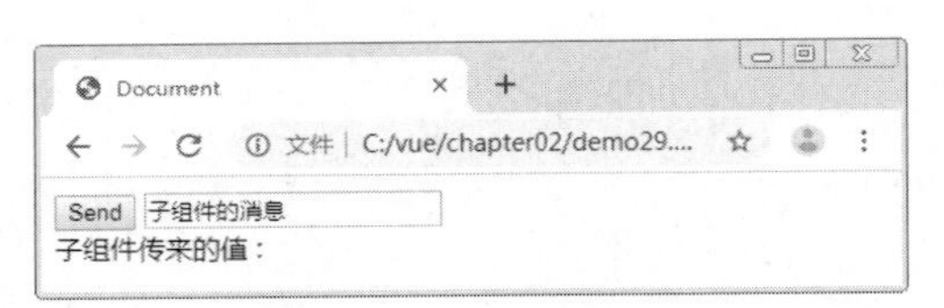

图 2-38 初始页面

图 2-39 传值成功

2.4.5 组件切换

Vue 中的页面结构是由组件构成的，不同组件可以表示不同页面，适合进行单页应用开发。下面我们通过例 2-30 演示登录组件和注册组件的切换。

【例 2-30】

（1）创建 C:\vue\chapter02\demo30.html 文件，具体代码如下：

```
1  <div id="app">
2    <a href="#" @click.prevent="flag=true"> 登录 </a>
3    <a href="#" @click.prevent="flag=false"> 注册 </a>
4    <login v-if="flag"></login>
5    <register v-else></register>
6  </div>
7  <script>
8  Vue.component('login', {
9    template: '<div> 登录页面 </div>'
10 })
11 Vue.component('register', {
12   template: '<div> 注册页面 </div>'
13 })
14 var vm = new Vue({
15   el: '#app',
16   data: { flag: true }
17 })
18 </script>
```

上述代码中，第 8 行的 login 表示登录组件，第 11 行的 register 表示注册组件；第 4 行的 v-if 指令值为 true，表示显示当前组件，否则隐藏当前组件；第 2 ～ 3 行的 .prevent 事件修饰符用于阻止 <a> 标签的超链接默认行为。

（2）在浏览器中打开 demo31.html 文件，运行结果如图 2-40 所示。

（3）在页面中单击“注册”链接后，运行结果如图 2-41 所示。

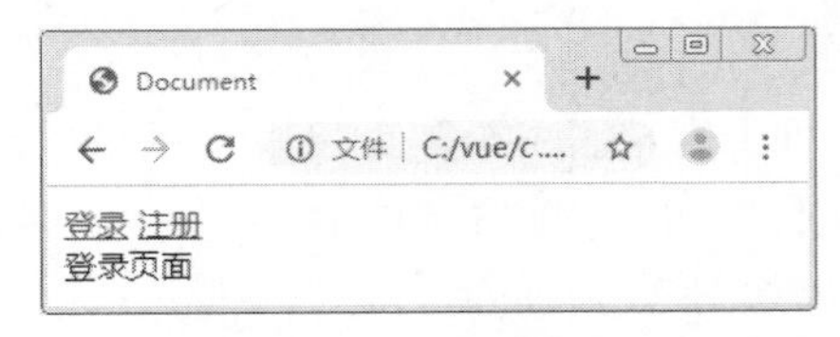

图 2-40 初始页面

图 2-41 注册页面

从例 2-30 可以看出，组件的切换是通过 v-if 来控制的，除了这种方式外，还可以通过组件的 is 属性来实现，使用 is 属性匹配组件的名称。下面我们通过例 2-31 进行演示。

【例2-31】

（1）创建C:\vue\chapter02\demo31.html文件，具体代码如下：

```
1  <div id="app">
2    <a href="#" @click.prevent="comName='login'">登录</a>
3    <a href="#" @click.prevent="comName='register'">注册</a>
4    <component v-bind:is="comName"></component>
5  </div>
6  <script>
7  Vue.component('login', {
8    template: '<div>登录页面</div>'
9  })
10 Vue.component('register', {
11   template: '<div>注册页面</div>'
12 })
13 var vm = new Vue({
14   el: '#app',
15   data: { comName: '' }
16 })
17 </script>
```

在上述代码中，第4行的is属性值绑定了data中的comName；第2～3行的<a>标签用来修改comName的值，从而切换对应的组件。

（2）在浏览器中打开demo31.html文件，运行结果与图2-40所示相同。

2.5 Vue的生命周期

Vue实例为生命周期提供了回调函数，用来在特定的情况下触发，贯穿了Vue实例化的整个过程，这给用户在不同阶段添加自己的代码提供了机会。每个Vue实例在被创建时都要经过一系列的初始化过程，如初始数据监听、编译模板、将实例挂载到DOM并在数据变化时更新DOM等。下面我们将针对生命周期（钩子函数）进行详细讲解。

2.5.1 钩子函数

钩子函数用来描述Vue实例从创建到销毁的整个生命周期，具体如表2-4所示。

表2-4　表示生命周期的钩子函数

钩子	说明
beforeCreate	创建实例对象之前执行
created	创建实例对象之后执行
beforeMount	页面挂载成功之前执行
mounted	页面挂载成功之后执行
beforeUpdate	组件更新之前执行
updated	组件更新之后执行
beforeDestroy	实例销毁之前执行
destroyed	实例销毁之后执行

在后面的小节中我们将对这些钩子函数分别进行讲解。

2.5.2 实例创建

下面我们通过例 2–32 演示 beforeCreate 和 created 钩子函数的使用。

【例 2–32】

（1）创建 C:\vue\chapter02\demo32.html 文件，具体代码如下：

```
1  <div id="app">{{msg}}</div>
2  <script>
3  var vm = new Vue({
4    el: '#app',
5    data: { msg: '张三' },
6    beforeCreate () {
7      console.log('实例创建之前')
8      console.log(this.$data.msg)
9    },
10   created () {
11     console.log('实例创建之后')
12     console.log(this.$data.msg)
13   }
14 })
15 </script>
```

（2）在浏览器中打开 demo32.html 文件，运行结果如图 2–42 所示。

图 2–42 beforeCreate 与 created

如图 2–42 所示，beforeCreate 钩子函数输出 msg 时出错，这是因为此时数据还没有被监听，同时页面没有挂载对象。而 created 钩子函数执行时，数据已经绑定到了对象实例，但是还没有挂载对象。

2.5.3 页面挂载

Vue 实例创建后，如果挂载点 el 存在，就会进行页面挂载。下面我们通过例 2–33 演示页面挂载钩子函数 beforeMount 和 mounted 的使用。

【例 2–33】

（1）创建 C:\vue\chapter02\demo33.html 文件，具体代码如下：

```
1  <div id="app">{{msg}}</div>
2  <script>
```

```
3  var vm = new Vue({
4    el: '#app',
5    data: { msg: '张三' },
6    beforeMount () {
7      console.log('挂载之前')
8      console.log(this.$el.innerHTML) // 通过 this.$el 获取 el 的 DOM 元素
9    },
10   mounted () {
11     console.log('挂载之后')
12     console.log(this.$el.innerHTML)
13   }
14 })
15 </script>
```

（2）在浏览器中打开 demo33.html，运行结果如图 2-43 所示。

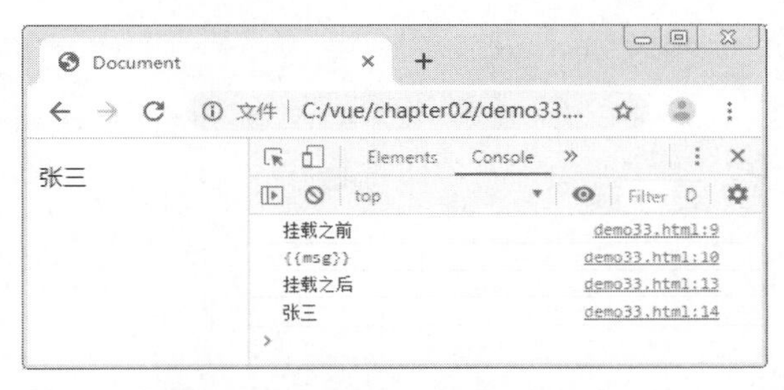

图 2-43　beforeMount 与 mounted

从图 2-43 可以看出，在挂载之前，数据并没有被关联到 $el 对象上，所以页面无法展示页面数据；在挂载之后，就获得了 msg 数据，并通过插值语法展示到页面中。

2.5.4　数据更新

Vue 实例挂载完成后，当数据发生变化时，会执行 beforeUpdate 和 updated 钩子函数。下面我们通过例 2-34 进行演示。

【例 2-34】

（1）创建 C:\vue\chapter02\demo34.html 文件，具体代码如下：

```
1  <div id="app">
2    <div v-if="isShow" ref="div">test</div>
3    <button @click="isShow=!isShow">更新</button>
4  </div>
5  <script>
6  var vm = new Vue({
7    el: '#app',
8    data: { isShow: false },
9    beforeUpdate () {
10     console.log('更新之前')
11     console.log(this.$refs.div)
12   },
13   updated () {
14     console.log('更新之后')
15     console.log(this.$refs.div)
```

```
16   }
17 })
18 </script>
```

上述代码中，第 2 行用来定义需要操作的元素，并给元素设置样式，添加 v-if 指令来操作元素的显示和隐藏；第 8 行代码定义 isShow 状态数据，初始值为 false 表示元素隐藏，反之，则显示；第 3 行给“更新”按钮绑定单击事件，当单击按钮时，将 isShow 的值取反，从而可以通过改变 isShow 的值来直接控制元素显示和隐藏；第 2 行的 ref 用来给元素注册引用信息，从而在第 11 行和第 15 行中访问。

（2）在浏览器中打开 demo34.html，单击“更新”按钮，运行结果如图 2-44 所示。

如图 2-44 所示，元素没有在页面中展示时，更新之前获取不到元素，更新之后，页面展示了 div 元素，控制台的输出结果就是 div 元素。

（3）再次单击“更新”按钮，运行结果如图 2-45 所示。

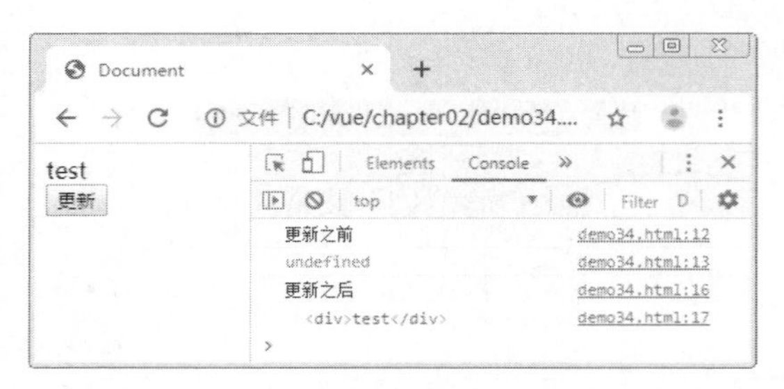

图 2-44　beforeUpdate 与 updated

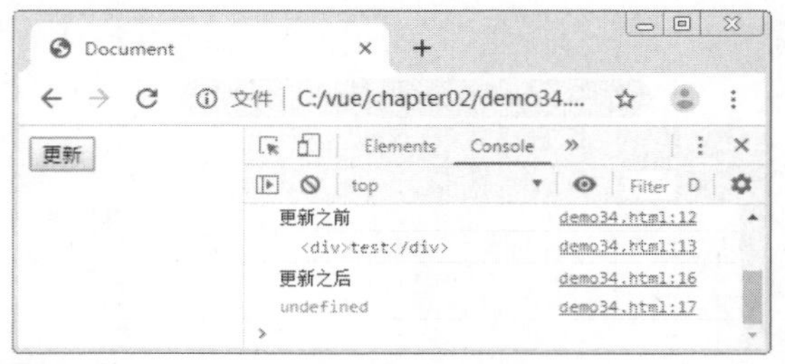

图 2-45　控制台输出结果

如图 2-45 所示，控制台的输出结果的顺序与图 2-44 中的顺序正好相反。

2.5.5 实例销毁

生命周期的最后阶段是实例的销毁，会执行 beforeDestroy 和 destroyed 钩子函数。下面我们通过例 2-35 进行详细讲解。

【例 2-35】

（1）创建 C:\vue\chapter02\demo35.html 文件，具体代码如下：

```
1  <div id="app">
2    <div ref="div">test</div>
3  </div>
4  <script>
5  var vm = new Vue({
6    el: '#app',
7    data: { msg: '张三' },
8    beforeDestroy () {
9      console.log('销毁之前')
10     console.log(this.$refs.div)
11     console.log(this.msg)
12     console.log(vm)
13   },
14   destroyed () {
15     console.log('销毁之后')
16     console.log(this.$refs.div)
```

```
17     console.log(this.msg)
18     console.log(vm)
19   }
20 })
21 </script>
```

（2）在浏览器中打开 demo35.html，在控制台中执行 vm.$destroy() 函数，运行结果如图 2-46 所示。

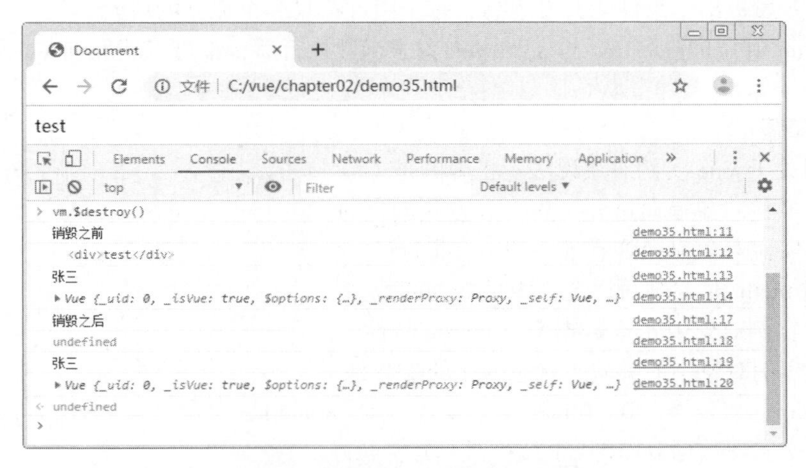

图 2-46　beforeDestroy 与 destroyed

从图 2-46 可以看出，vm 实例在 beforeDestroy 和 destroyed 函数执行时都存在，但是销毁之后获取不到页面中的 div 元素。所以，实例销毁以后无法操作 DOM 元素。

本章小结

本章主要讲解了 Vue 实例对象的创建、常用内置指令的使用、自定义组件的创建、生命周期（钩子函数）等。通过本章的学习，读者应重点掌握 data 数据、methods 方法和 computed 计算属性的定义，能够使用 v-model 进行双向数据绑定，使用 v-on 进行事件绑定，使用 .prevent 阻止事件默认行为，使用 .stop 阻止事件冒泡，以及使用 props 实现父组件向子组件数据传递。

课后习题

一、填空题

1. Vue 实例对象通过________方式来创建。
2. Vue 初始数据在实例对象的________参数中进行定义。
3. Vue 实例对象中的 el 参数表示________。
4. Vue 中实现双向数据绑定的指令是________。

5. Vue 事件绑定指令是________。

二、判断题

1. 在项目中引入了 vue.js 文件，才可以创建 Vue 实例。 (　　)
2. Vue 实例对象指令主要包括自定义指令和内置指令，通过指令省去 DOM 操作。 (　　)
3. Vue 事件传递方式有冒泡和捕获，默认是冒泡。 (　　)
4. Vue 开发提出了组件化开发思想，每个组件都是一个孤立的单元。 (　　)
5. 在 Vue 中 beforeDestroy 与 destroyed 钩子函数执行后，都可以获取到 Vue 实例。 (　　)

三、选择题

1. 下列关于 Vue 实例对象说法不正确的是（　　）。
A. Vue 实例对象是通过 new Vue({}) 方式创建的
B. Vue 实例对象只允许有唯一的一个根标签
C. 通过 methods 参数可以定义事件处理函数
D. Vue 实例对象中 data 数据不具有响应特性

2. Vue 实例对象中能够监听状态变化的参数是（　　）。
A. watch　　B. filters　　C. watching　　D. components

3. Vue 中实现数据双向绑定的是（　　）。
A. v–bind　　B. v–for　　C. v–model　　D. v–if

4. 在 Vue 中，能够实现页面单击事件绑定的代码是（　　）。
A. v–on:enter　　B. v–on:click　　C. v–on:mouseenter　　D. v–on:doubleclick

5. 下面列出的钩子函数会在 Vue 实例销毁完成时执行的是（　　）。
A. updated　　B. destroyed　　C. created　　D. mounted

四、简答题

1. 请简述什么是 Vue 实例对象。
2. 请简述什么是 Vue 组件化开发。
3. 请简单介绍 Vue 数据绑定内置指令的主要内容有哪些。

五、编程题

1. 请实现一个比较两个数字大小的页面。
2. 请实现一个简单的网页计算器。

第3章

Vue 开发基础（下）

在 Vue 中还有一些丰富的功能，例如，通过 API(Application Programming Interface，应用程序编程接口）构建自定义的指令、组件、插件，通过 Vue 实例属性完成更强大的功能等。本章将围绕 Vue 的全局 API、实例属性、全局配置以及组件进阶进行讲解。

教学导航

学习目标	1. 熟悉 Vue 提供的常用 API 2. 熟悉 Vue 实例对象中的常用属性 3. 掌握通过全局对象配置 Vue 的方法 4. 掌握使用 render 渲染函数完成页面渲染的方法
教学方式	本章主要以案例讲解、代码演示为主
重点知识	1. Vue.directive() 注册自定义指令 2. vm.$children 获取子组件对象集合 3. vm.$props 获取父组件向子组件传递的数据
关键词	Vue.directive()、Vue.use()、Vue.set()、vm.$attrs、vm.$props

3.1 全局 API

在第 2 章我们讲解了如何使用 Vue.component() 方法来注册自定义组件，这个方法其实就是一个全局 API。在 Vue 中还有很多常用的全局 API，本节将会进行详细讲解。

3.1.1 Vue.directive

Vue 中有很多内置指令，如 v-model、v-for 和 v-bind 等。除了内置指令，开发人员也可以根据需求注册自定义指令。通过自定义指令可以对低级 DOM 元素进行访问，为 DOM 元素添加新的特性。下面我们通过例 3-1 演示自定义指令的代码实现。

【例 3-1】

（1）创建 C:\vue\chapter03\demo01.html 文件，具体代码如下：

```
1  <div id="app">
2    <input type="text" v-focus="true">
```

```
3  </div>
4  <script>
5  Vue.directive('focus', {
6    inserted (el, binding) {
7      if (binding.value) {
8        el.focus()
9      }
10   }
11 })
12 var vm = new Vue({ el: '#app' })
13 </script>
```

上述代码用于在页面初始化时，控制 input 文本框是否自动获得焦点。其中，第 2 行代码用于给 <input> 标签设置自定义指令 v-focus，初始值为 true；第 5 行注册了一个全局自定义指令 v-focus；第 6 行用于当被绑定的元素插入 DOM 中时，在 inserted() 钩子函数中进行判断，该函数有两个参数，第 1 个参数 el 表示当前自定义指令的元素，第 2 个参数 binding 表示指令的相关信息；第 7 ～ 9 行代码判断了 binding.value 的值，也就是标签中的 v-focus 的值，如果为 true 则获得焦点，反之则不会获得焦点。

（2）在浏览器中打开 demo01.html 文件，运行结果如图 3-1 所示。

图 3-1　自定义指令 v-focus

从图 3-1 可以看出，input 文本框使用自定义指令 v-focus 成功获取了焦点。

3.1.2 Vue.use

Vue.use 主要用于在 Vue 中安装插件，通过插件可以为 Vue 添加全局功能。插件可以是一个对象或函数，如果是对象，必须提供 install() 方法，用来安装插件；如果是一个函数，则该函数将被当成 install() 方法。下面我们通过例 3-2 演示 Vue.use 的使用。

【例 3-2】

（1）创建 C:\vue\chapter03\demo02.html 文件，具体代码如下：

```
1  <div id="app" v-my-directive></div>
2  <script>
3  // 定义一个 MyPlugin( 自定义插件 ) 对象
4  let MyPlugin = {}
5  // 编写插件对象的 install 方法
6  MyPlugin.install = function (Vue, options) {
7    console.log(options)
8    // 在插件中为 Vue 添加自定义指令
9    Vue.directive('my-directive', {
10     bind (el, binding) {
11       // 为自定义指令 v-my-directive 绑定的 DOM 元素设置 style 样式
12       el.style = 'width:100px;height:100px;background-color:#ccc;'
13     }
```

```
14   })
15 }
16 </script>
```

在上述代码中，第 6 行的 install() 方法有两个参数，第 1 个参数 Vue 是 Vue 的构造器，第 2 个参数 options 是一个可选的配置对象。

（2）在第 15 行代码下面继续编写代码，调用 Vue.use() 方法安装插件，在第 1 个参数中传入插件对象 MyPlugin，第 2 个参数传入可选配置，具体代码如下：

```
1  Vue.use(MyPlugin, { someOption: true })
2  var vm = new Vue({
3    el: '#app'
4  })
```

（3）在浏览器中打开 demo02.html 文件，运行结果如图 3-2 所示。

值得一提的是，Vue.use 会自动阻止多次安装同一个插件，因此，当在同一个插件上多次调用 Vue.use 时实际只会被安装一次。

另外，Vue.js 官方提供的一些插件（如 vue-router）在检测到 Vue 是可访问的全局变量时，会自动调用 Vue.use()。但是在 CommonJS 等模块环境中，则始终需要 Vue.use() 显式调用，示例代码如下：

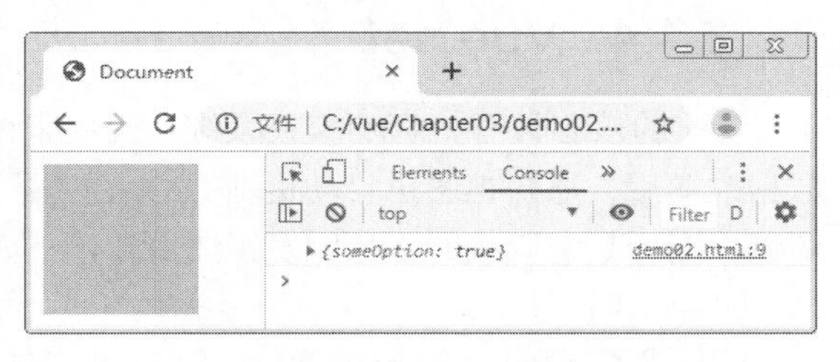

图 3-2　自定义插件

```
1  var Vue = require('Vue')
2  var vueRouter = require('vue-router')
3  Vue.use(vueRouter)
```

3.1.3　Vue.extend

Vue.extend 用于基于 Vue 构造器创建一个 Vue 子类，可以对 Vue 构造器进行扩展。它有一个 options 参数，表示包含组件选项的对象。下面我们通过例 3-3 演示 Vue.extend 的使用。

【例 3-3】

（1）创建 C:\vue\chapter03\demo03.html 文件，具体代码如下：

```
1  <div id="app1">app1: {{title}}</div>
2  <div id="app2">app2: {{title}}</div>
3  <script>
4  var Vue2 = Vue.extend({
5    data () {
6      return { title: 'hello' }
7    }
8  })
9  var vm1 = new Vue({ el: '#app1' })
10 var vm2 = new Vue2({ el: '#app2' })
11 </script>
```

在上述代码中，第 4 行的 Vue.extend() 方法返回的 Vue2 就是 Vue 的子类；第 5 ～ 7 行用于为新创建的 Vue2 实例添加 data 数据，由于此时 Vue2 实例还未创建，所以要把数据写在函数的返回值中；第 1 行的 title 在 vm1 中不存在，代码在执行时会报错，如果报错，就说明第 5 ～ 7 行代码只对 Vue2 有效，原来的 Vue 不受影响。

（2）在浏览器中打开 demo03.html 文件，运行结果如图 3-3 所示。

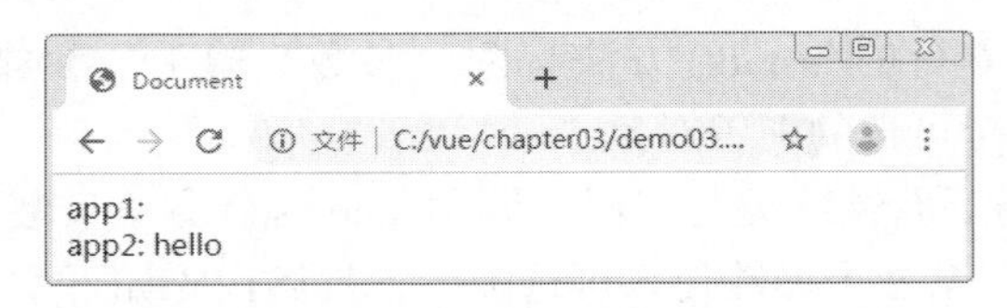

图 3-3 Vue.extend

在图 3-3 所示的页面中，app1 对应 Vue 的实例 vm1，app2 对应 Vue2 的实例 vm2，从运行结果可以看出，在 vm2 中添加了初始数据 hello，vm1 不受影响。并且在控制台中会看到 title 属性未定义的提示。

3.1.4 Vue.set

Vue 的核心具有一套响应式系统，简单来说就是通过监听器监听数据层的数据变化，当数据改变后，通知视图也自动更新。Vue.set 用于向响应式对象中添加一个属性，并确保这个新属性同样是响应式的，且触发视图更新。下面我们通过例 3-4 演示 Vue.set 的使用。

【例 3-4】

（1）创建 C:\vue\chapter03\demo04.html 文件，具体代码如下：

```
1  <div id="app">
2    <div>{{a}}</div>
3    <div>{{obj.b}}</div>
4  </div>
5  <script>
6  var vm = new Vue({
7    el: '#app',
8    data: {
9      a: '我是根级响应式属性 a',
10     obj: {}
11   }
12 })
13 Vue.set(vm.obj, 'b', '我是 Vue.set 添加的响应式属性 obj.b')
14 </script>
```

上述代码中，第 8 行的 data 为根数据对象，根数据对象可以驱动视图改变；第 13 行用于使用 Vue 构造器提供的 set() 方法为对象 obj 添加响应式属性 b，第 1 个参数 vm.obj 表示目标对象，第 2 个参数 b 表示属性名，第 3 个参数是属性值。需要注意的是，Vue 不允许动态添加根级响应式属性，因此必须在 data 中预先声明所有根级响应式属性。

（2）在浏览器中打开 demo04.html 文件，运行结果如图 3-4 所示。

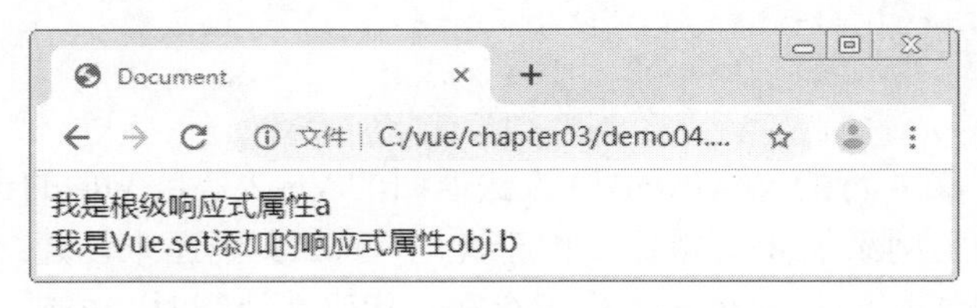

图 3-4 Vue.set

如图 3-4 所示，通过 Vue.set() 方法已经成功将属性 b 添加到 obj 对象中。

3.1.5　Vue.mixin

Vue.mixin 用于全局注册一个混入（Mixin），它将影响之后创建的每个 Vue 实例。该接口主要是提供给插件作者使用，在插件中向组件注入自定义的行为。该接口不推荐在应用代码中使用。下面我们通过例 3-5 演示如何使用 Vue.mixin 为 Vue 实例注入 created() 函数。

【例 3-5】

（1）在 C:\vue\chapter03\demo05.html 文件，具体代码如下：

```
1  <div id="app"></div>
2  <script>
3  Vue.mixin({
4    created () {
5      var myOption = this.$options.myOption
6      if (myOption) {
7        console.log(myOption.toUpperCase())
8      }
9    }
10 })
11 var vm = new Vue({
12   myOption: 'hello vue!'
13 })
14 </script>
```

在上述代码中，第 12 行的 myOption 是一个自定义属性，在第 3 行通过 Vue.mixin() 对 vm 实例中的 myOption 属性进行处理；第 4 ～ 9 行的 created() 函数用于在获取到 myOption 属性后，将其转换为大写字母并输出到控制台中。

（2）在浏览器中打开 demo05.html 文件，运行结果如图 3-5 所示。

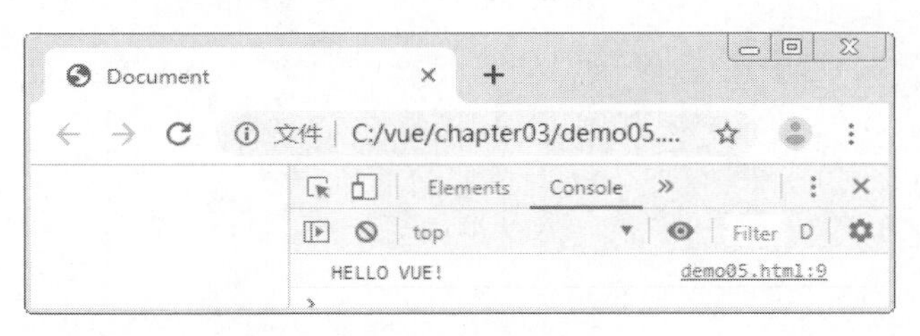

图 3-5　Vue.mixin

上述代码运行后，浏览器控制台会输出“HELLO VUE! ”，这说明 created() 函数的代码已经执行，并成功完成了大小写转换。

3.2　实例属性

实例属性是指 Vue 实例对象的属性，如前面用过的 vm.$data 就是一个实例属性，它用来获取 vm 实例中的数据对象。本节将会讲解 Vue 中一些其他常用实例属性的使用，例如，使用 vm.$props 属性接收传递的数据，使用 vm.$options 属性创建自定义选项等。

3.2.1 vm.$props

使用 vm.$props 属性可以接收上级组件向下传递的数据，下面我们通过例 3-6 进行演示。

【例 3-6】

（1）创建 C:\vue\chapter03\demo06.html 文件，具体代码如下：

```
1  <div id="app">
2    <!-- 父组件 -->
3    <my-parent></my-parent>
4  </div>
5  <!-- 父组件模板 -->
6  <template id="parent">
7    <div>
8      <h3> 手机信息搜索 </h3>
9      手机品牌：<input type="text" v-model="brand">
10     <!-- 子组件 -->
11     <my-child v-bind:name="brand"></my-child>
12   </div>
13 </template>
14 <!-- 子组件模板 -->
15 <template id="child">
16   <ul>
17     <li> 手机品牌：{{show.brand}}</li>
18     <li> 手机型号：{{show.type}}</li>
19     <li> 市场价格：{{show.price}}</li>
20   </ul>
21 </template>
22 <script>
23 Vue.component('my-parent', {
24   template: '#parent'
25 })
26 Vue.component('my-child', {
27   template: '#child'
28 })
29 var vm = new Vue({
30   el: '#app',
31   data: {}
32 })
33 </script>
```

在上述代码中，第 3 行的 <my-parent> 是父组件，第 11 行的 <my-child> 是子组件；在第 9 行代码中，父组件中的 input 文本框通过 v-model 指令绑定 brand 值，然后在第 11 行代码中通过 v-bind 绑定子组件的 brand。

（2）修改父组件的 JavaScript 代码，具体代码如下：

```
1  Vue.component('my-parent', {
2    template: '#parent',
3    data () {
4      return {
5        brand: ''
6      }
7    }
8  })
```

在上述代码中，第 5 行的 brand 用来定义手机的品牌信息，且通过 v-model 与页面中的 input 表单元素绑定。当 input 文本框的值变化时，brand 也会相应地发生变化。

（3）修改子组件的 JavaScript 代码，具体代码如下：

```
1  Vue.component('my-child', {
2    template: '#child',
3    data () {
4      return {
5        content: [
6          {brand: '华为', type: 'Mate20', price: 3699},
7          {brand: '苹果', type: 'iPhone7', price: 2949},
8          {brand: '三星', type: 'Galaxy S8+', price: 3299},
9          {brand: 'vivo', type: 'Z5x', price: 1698},
10         {brand: '一加', type: 'OnePlus7', price: 2999},
11         {brand: '360', type: 'N7 Pro', price: 1099},
12         {brand: 'oppo', type: 'Reno', price: 2599}
13       ],
14       show: {brand: '', type: '', price: ''}
15     }
16   },
17   props: ['name'],
18   watch: {
19     name () {
20       if (this.name) {    // this.name 相当于 this.$props.name
21         var found = false
22         this.content.forEach((value, index) => {
23           if (value.brand === this.name) {
24             found = value
25           }
26         })
27         this.show = found ? found : {brand: '', type: '', price: ''}
28       } else {
29         return
30       }
31     }
32   }
33 })
```

上述代码主要实现了子组件的注册过程，第 3 ～ 16 行用于定义手机信息；第 17 行用于通过 props 来接收父组件传入的 name 属性，该属性保存的是手机品牌 brand，用来在初始定义的手机信息数组中查找匹配的信息，将匹配结果保存到 this.show。由于页面中已经对 data 中的 show 进行了数据绑定，所以匹配结果就会显示在页面中。

（4）在 input 框中输入手机品牌信息，就可以实现手机查询功能。例如，查询华为手机的信息，在输入框中输入“华为”后，运行结果如图 3-6 所示。

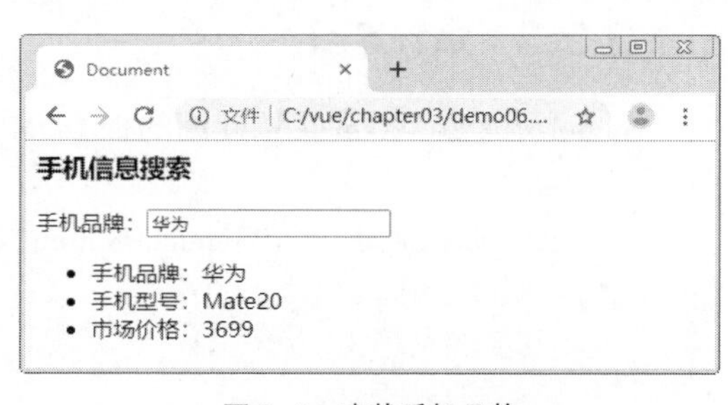

图 3-6　查找手机品牌

3.2.2 vm.$options

Vue 实例初始化时，除了传入指定的选项外，还可以传入自定义选项。自定义选项的值可以是数组、对象、函数等，通过 vm.$options 来获取。下面我们通过例 3-7 进行演示。

【例 3-7】

（1）创建 C:\vue\chapter03\demo07.html 文件，具体代码如下：

```
1  <div id="app">
2    <p>{{base}}</p>
3    <p>{{noBase}}</p>
4  </div>
5  <script>
6  var vm = new Vue({
7    el: '#app',
8    customOption: '我是自定义数据',
9    data: {
10     base: '我是基础数据'
11   },
12   created () {
13     this.noBase = this.$options.customOption
14   }
15 })
16 </script>
```

上述代码中，第 8 行的 customOption 是自定义数据，与 data 不同的是，它不具有响应特性；第 12 行的 created 钩子函数会在实例创建完成后开始执行；在第 13 行代码中，首先通过实例对象的 $options 属性获取到 customOption 自定义数据，然后将其赋值给实例对象的 noBase 响应属性。

（2）在浏览器中打开 demo07.html 文件，运行结果如图 3-7 所示。

图 3-7 自定义数据

3.2.3 vm.$el

vm.$el 用来访问 vm 实例使用的根 DOM 元素，下面我们通过例 3-8 进行演示。

【例 3-8】

（1）创建 C:\vue\chapter03\demo08.html 文件，具体代码如下：

```
1  <div id="app">
2    <p>我是根标签结构</p>
3  </div>
4  <script>
5  var vm = new Vue({
```

```
6   el: '#app'
7 })
8 vm.$el.innerHTML = '<div>我是替换后的div标签</div>'
9 </script>
```

在上述代码中，第 8 行通过 vm.$el 获取到 DOM 对象后，将 innerHTML 属性修改为新的内容“我是替换后的 div 标签”。

（2）在浏览器中打开 demo08.html 文件，运行结果如图 3-8 所示。

图 3-8　替换内容

3.2.4　vm.$children

vm.$children 用来获取当前实例的直接子组件。需要注意的是，$children 并不保证顺序，也不是响应式的。下面我们通过例 3-9 进行演示。

【例 3-9】

（1）创建 C:\vue\chapter03\demo09.html 文件，具体代码如下：

```
1 <div id="app">
2   <button @click="child">查看子组件</button>
3   <my-component></my-component>
4 </div>
5 <script>
6 Vue.component('my-component', {template: '<div>myComponent</div>'})
7 var vm = new Vue({
8   el: '#app',
9   methods: {
10    child () {
11      console.log(this.$children)
12    }
13  }
14 })
15 </script>
```

在上述代码中，第 2 行的 button 按钮绑定了单击事件；第 6 行注册了 my-component 自定义组件；第 11 行将 this.$children 输出到控制台中。

（2）打开 demo09.html，单击“查看子组件”按钮，运行结果如图 3-9 所示。

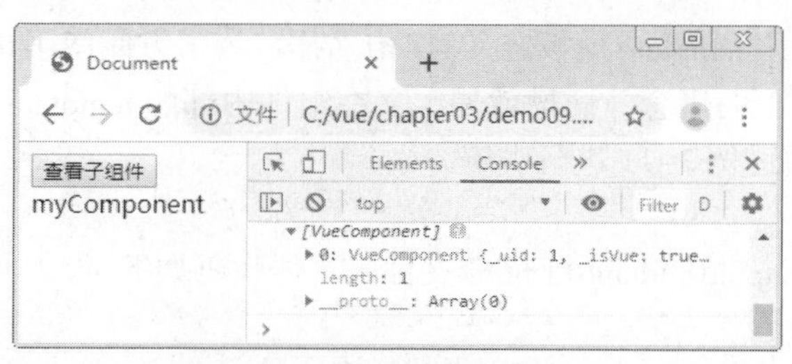

图 3-9　查看子组件

从图 3-9 可以看出，通过 this.$children 可以得到当前实例的所有子组件实例集合。

3.2.5 vm.$root

vm.$root 用来获取当前组件树的根 Vue 实例，如果当前实例没有父实例，则获取到的是该实例本身。下面我们通过例 3-10 进行演示。

【例 3-10】

（1）创建 C:\vue\chapter03\demo10.html 文件，具体代码如下：

```
1  <div id="app">
2    <my-component></my-component>
3  </div>
4  <script>
5  Vue.component('my-component', {
6    template: '<button @click="root">查看根实例</button>',
7    methods: {
8      root () {
9        console.log(this.$root)
10       console.log(this.$root === vm.$root)
11     }
12   }
13 })
14 var vm = new Vue({ el: '#app' })
15 </script>
```

在上述代码中，第 9 行用于在控制台中输出 this.$root；第 10 行用于判断 this.$root 和 vm.$root 是否为同一个实例对象。

（2）打开 demo10.html，单击“查看根实例”按钮，运行结果如图 3-10 所示。

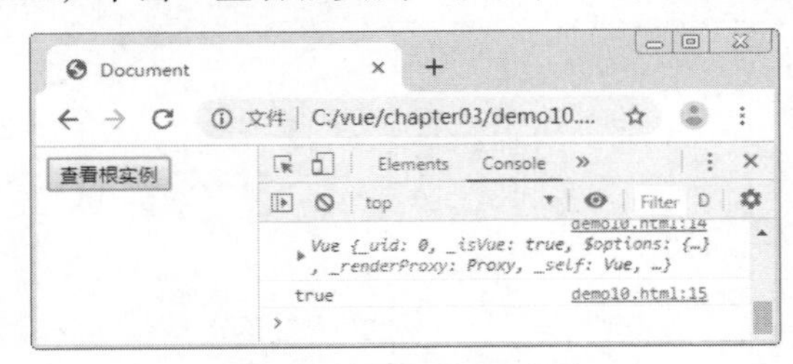

图 3-10　查看根实例

从图 3-10 可以看出，this.$root 和 vm.$root 的比较结果为 true，说明使用 this.$root 可以获取到当前组件树的根 Vue 实例。

3.2.6 vm.$slots

Vue 中的组件中使用 template 模板定义 HTML 结构，为了方便使用 template 公共模板结构，Vue 提出了插槽（Slots）的概念，插槽就是定义在组件内部的 template 模板，可以通过 $slots 动态获取。下面我们通过例 3-11 进行讲解。

【例 3-11】

（1）创建 C:\vue\chapter03\demo11.html 文件，具体代码如下：

```
1  <div id="app">
2    <my-component>你好</my-component>
```

```
3  </div>
4  <template id="first">
5    <div>
6      <slot></slot>
7    </div>
8  </template>
9  <script>
10 Vue.component('my-component', { template: '#first' })
11 var vm = new Vue({ el: '#app' })
12 </script>
```

上述代码中，第 2 行在 my-component 组件内添加了内容“你好”，该内容只有通过插槽才能显示在页面，否则不会显示；第 6 行表示启用了插槽。

（2）在浏览器中打开 demo11.html 文件，运行结果如图 3-11 所示。

图 3-11　插槽的使用

（3）当有多个插槽时，可以为插槽命名，具体代码如下：

```
1  <div id="app">
2    <my-component> 你好
3      <template v-slot:second>
4        <div> 内部结构 </div>
5      </template>
6    </my-component>
7  </div>
8  <template id="first">
9    <div>
10     <slot></slot>
11     <slot name="second"></slot>
12   </div>
13 </template>
14 <script>
15 Vue.component('my-component', { template: '#first' })
16 var vm = new Vue({ el: '#app' })
17 // 在控制台查看插槽内容
18 console.log(vm.$children[0].$slots.second[0].children[0].text)
19 </script>
```

上述代码中，第 3 ～ 5 行使用 template 模板结构来定义插槽，template 命名通过 v-slot 来完成，即 second；第 11 行编写 slot 元素启用指定 name 值的插槽，即 second。

（4）在浏览器中打开 demo11.html 文件，运行结果如图 3-12 所示。

图 3-12　获取插槽内容

3.2.7 vm.$attrs

vm.$attrs 可以获取组件的属性，但其获取的属性中不包含 class、style 以及被声明为 props 的属性。下面我们通过例 3-12 进行演示。

【例 3-12】

（1）创建 C:\vue\chapter03\demo12.html 文件，具体代码如下：

```
1  <div id="app">
2    <my-component id="test"></my-component>
3  </div>
4  <script>
5  Vue.component('my-component', {
6    template: '<button @click="showAttrs">查看属性</button>',
7    methods: {
8      showAttrs () {
9        console.log(this.$attrs)
10     }
11   }
12 })
13 var vm = new Vue({ el: '#app' })
14 </script>
```

在上述代码中，第 2 行为 <my-component> 组件设置了 id 属性为 test；第 5 ～ 12 行用来注册 <my-component> 组件，第 6 行给按钮绑定了单击事件 showAttrs，第 8 ～ 10 行的事件处理方法用来输出组件的 this.$attrs 属性。

（2）在浏览器中打开 demo12.html 文件，运行结果如图 3-13 所示。

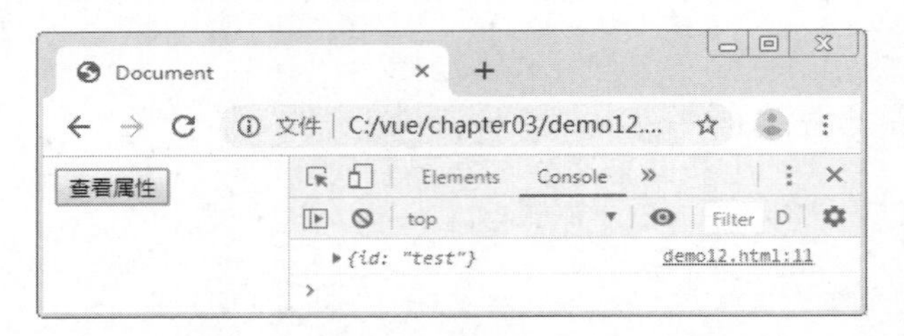

图 3-13　查看组件属性

3.3 全局配置

在开发环境下，Vue 提供了全局配置对象，通过配置可以实现生产信息提示、警告忽略等人性化处理，下面我们就对全局配置对象进行详细讲解。

3.3.1 productionTip

当在网页中加载了 vue.js（开发版本）文件时，浏览器的控制台会出现英文的提示信息，提醒用户“您正在开发模式下运行 Vue，在为生产部署时，请确保打开生产模式”。如果要打开生产模式，使用 vue.min.js 文件代替 vue.js 文件即可。

如果希望在引入vue.js文件的情况下关闭提示信息，可以参考例3-13来实现。

【例3-13】

（1）创建C:\vue\chapter03\demo13.html文件，具体代码如下：

```
1 <script src="vue.js"></script>
```

（2）在浏览器中打开demo13.html，运行结果如图3-14所示。

从图3-14可以看出，vue.js在控制台中输出了提示信息。

（3）通过Vue的全局配置productionTip可以控制生产信息的显示或隐藏，下面我们来演示关闭过程。在demo13.html文件中添加如下代码，将productionTip设为false：

```
1 <script>
2 Vue.config.productionTip = false
3 </script>
```

（4）在浏览器中刷新，可以看到控制台中的提示信息消失了，如图3-15所示。

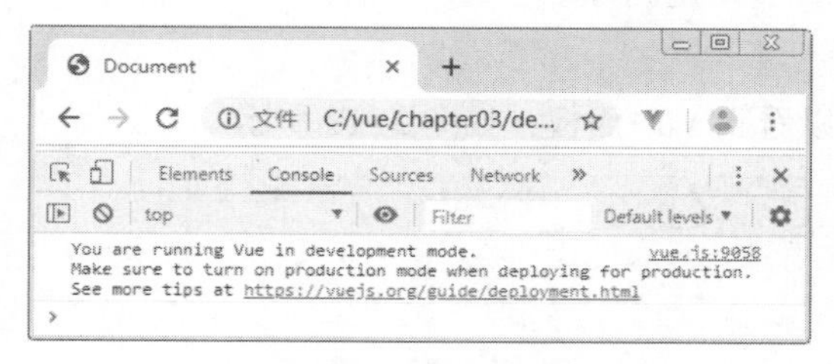

图3-14 查看提示信息

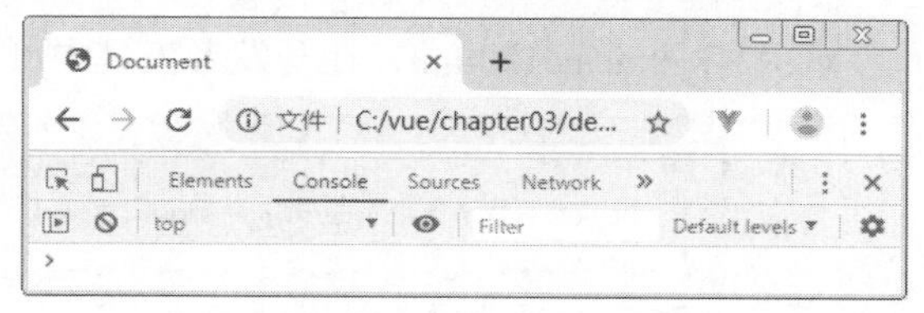

图3-15 关闭提示信息

3.3.2 silent

Vue全局配置对象中，silent可以取消Vue日志和警告，值类型为boolean，默认值为false，设为true表示忽略警告和日志，否则不忽略。下面我们通过例3-14进行演示。

【例3-14】

（1）创建C:\vue\chapter03\demo14.html文件，具体代码如下：

```
1 <div id="app">{{msg}}</div>
2 <script>
3 var vm = new Vue({ el: '#app' })
4 </script>
```

在上述代码中，第1行使用插值表达式绑定了变量msg，但在Vue实例中并没有将msg定义在data中。此时运行程序，Vue会在控制台中显示警告信息。

（2）在浏览器中打开demo14.html，运行结果如图3-16所示。

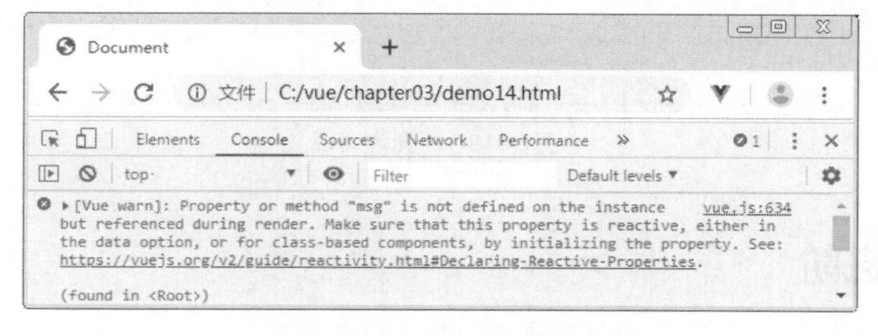

图3-16 显示警告信息

（3）修改 demo14.html 文件，在创建 Vue 实例前，将 silent 设为 true，如下所示：

```
1  <script>
2  Vue.config.silent = true
3  var vm = new Vue({ el: '#app' })
4  </script>
```

（4）保存上述代码后，在浏览器中刷新，控制台中的警告信息就消失了。

3.3.3 devtools

在第 1 章我们已经介绍过 Vue 的调试工具 vue-devtools。在 Vue 全局配置中可以对该工具进行配置，将 Vue.config.devtools 设为 true 表示允许调试，否则不允许调试。下面我们通过例 3-15 进行演示。

【例 3-15】

（1）创建 C:\vue\chapter03\demo15.html 文件，具体代码如下：

```
1  <script src="vue.js"></script>
```

（2）打开 demo15.html，在开发者工具中可以看到 Vue 面板，如图 3-17 所示。

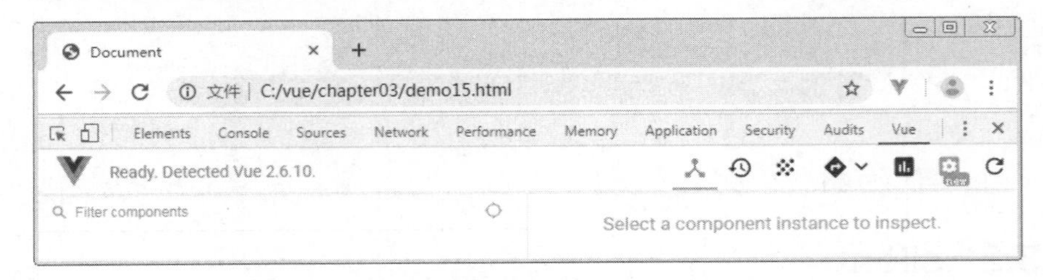

图 3-17 Vue 面板

从图 3-17 可以看出，在默认情况下，该页面允许使用 devtools 进行调试。

（3）在 demo15.html 文件中添加如下代码，在该页面下关闭 devtools 调试：

```
1  <script>
2  Vue.config.devtools = false
3  </script>
```

（4）重新打开 demo15.html，可以看到 Vue 面板消失了，说明当前页面不允许使用 devtools 进行调试，如图 3-18 所示。

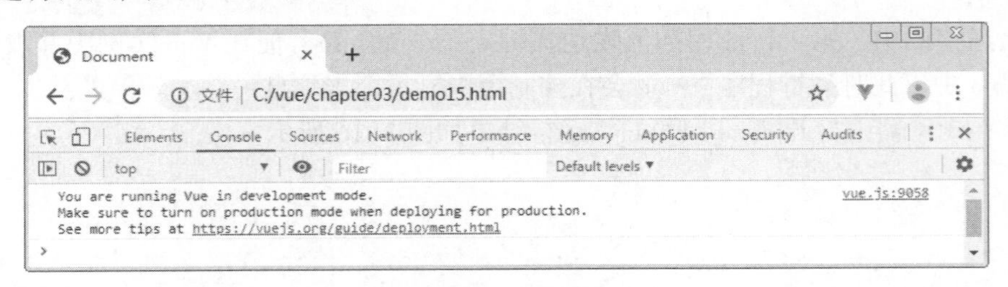

图 3-18 不允许调试

3.4 组件进阶

在 Vue 中，组件是对结构的抽象，组件可复用性很强，每个组件拥有自己的作用域，区域之间独立工作互不影响，从而降低了代码的耦合度。Vue 还可以对组件的选项轻松完成合并，让组件的功能变得灵活，使用起来更加方便。本节将对组件的 mixins（混入）、render（渲染）和 createElement（创建元素）功能进行详细讲解。

3.4.1 mixins

mixins 是一种分发 Vue 组件中可复用功能的方式。mixins 对象可以包含任何组件选项，当组件使用 mixins 时，将定义的 mixins 对象引入组件中即可使用，mixins 中的所有选项将会混入到组件自己的选项中。下面我们通过例 3-16 进行演示。

【例 3-16】

（1）创建 C:\vue\chapter03\demo16.html 文件，具体代码如下：

```
1  <script>
2  // 定义 myMixin 对象
3  var myMixin = {
4    created () {
5      this.hello()
6    },
7    methods: {
8      hello () {
9        console.log('hello from mixin!')
10     }
11   }
12 }
13 var Component = Vue.extend({
14   mixins: [myMixin]
15 })
16 var component = new Component()
17 </script>
```

在上述代码中，组件中的 mixins 属性用来配置组件选项，其值为自定义选项。第 13 行通过 Vue.extend() 创建实例构造器 Component；第 14 行将自定义的 myMixin 对象混入到 Component 中；第 16 行通过 new 方式完成组件实例化。

（2）在浏览器中打开 demo16.html 文件，运行结果如图 3-19 所示。

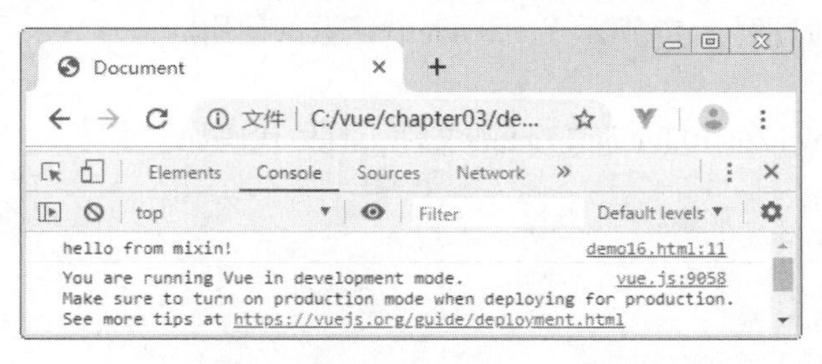

图 3-19　minixs

Vue 组件经过 mixins 混合之后会发生组件选项重用，为了解决这样的问题，mixins 提供了相应的合并策略，下面我们分别通过代码来演示。

（1）数据对象经历递归合并，组件的数据在发生冲突时优先，示例代码如下：

```
1  var mixin = {
2    data () {
```

```
3       return { message: 'hello' }
4     }
5   }
6   var vm = new Vue({
7     mixins: [mixin],
8     data () {
9       return { message: 'goodbye' }
10    },
11    created () {
12      console.log(this.$data.message) // 输出结果：goodbye
13    }
14  })
```

在上述代码中，第 12 行在输出数据时，会先从 vm 实例的 data 函数中获取 message 的值，如果没有获取到，再去 mixin 中获取。

（2）mixins 中的钩子函数将在组件自己的钩子函数之前调用，示例代码如下：

```
1   var mixin = {
2     created () {
3       console.log('mixin 钩子函数调用 ')
4     }
5   }
6   var vm = new Vue({
7     mixins: [mixin],
8     created () {
9       console.log(' 组件钩子函数调用 ')
10    }
11  })
```

上述代码运行后，首先是执行了 mixins 中的钩子函数，然后调用组件自己的钩子函数，所以在控制台中会先输出“mixin 钩子函数调用”，然后输出“组件钩子函数调用”。

3.4.2 render

在 Vue 中可以使用 Vue.render() 实现对虚拟 DOM 的操作。在 Vue 中一般使用 template 来创建 HTML，但这种方式可编程性不强，而使用 Vue.render() 可以更好地发挥 JavaScript 的编程能力。下面我们通过例 3-17 演示 Vue.render() 函数的使用。

【例 3-17】

（1）创建 C:\vue\chapter03\demo17.html 文件，具体代码如下：

```
1   <div id="app">
2     <my-component> 成功渲染 </my-component>
3   </div>
4   <script>
5   Vue.component('my-component', {
6     render (createElement) {
7       return createElement('p', {
8         style: {
9           color: 'red',
10          fontSize: '16px',
11          backgroundColor: '#eee'
12        }
```

```
13     }, this.$slots.default)
14   }
15 })
16 var vm = new Vue({ el: '#app' })
17 </script>
```

在上述代码中，第 2 行全局注册 my-component 组件；第 6 行定义渲染函数 render()，该函数接收 createElement 参数，用来创建元素；第 7 ～ 13 行的 createElement() 函数有 3 个参数，第 1 个参数表示创建 p 元素，第 2 个参数为配置对象，在对象中配置了 p 元素的样式，第 3 个参数为插槽内容“成功渲染”，插槽内容可以通过 $slots 来获取。

图 3-20　render() 函数

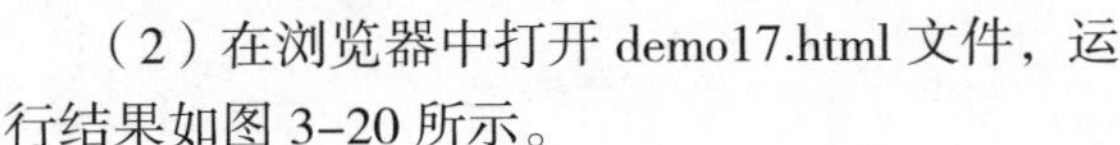

（2）在浏览器中打开 demo17.html 文件，运行结果如图 3-20 所示。

从图 3-20 可以看出，页面中出现了“成功渲染”字样，并且样式也生效了，说明 rander() 函数执行成功。

3.4.3 createElement

通过上一节的学习可知，在 render() 函数的返回值中需要调用 createElement() 函数来创建元素。需要注意的是，createElement() 函数返回的并不是一个实际的 DOM 元素，它返回的其实是一个描述节点（createNodeDescription），用来告诉 Vue 在页面上需要渲染什么样的节点。这个描述节点也可以称为虚拟节点（Virtual Node），简写为 VNode。而“虚拟 DOM”是对由 Vue 组件树建立起来的整个 VNode 树的称呼。

createElement() 函数的使用非常灵活，它的第 1 个参数可以是一个 HTML 标签名或组件选项对象；第 2 个参数是可选的，可以传入一个与模板中属性对应的数据对象；第 3 个参数是由 createElement() 构建而成的子级虚拟节点，也可以使用字符串来生成文本虚拟节点，具体可以参考 Vue 的官方文档。下面我们通过例 3-18 进行简单演示。

【例 3-18】

（1）创建 C:\vue\chapter03\demo18.html 文件，具体代码如下：

```
1  <div id="app">
2    <my-component>
3      <template v-slot:header>
4        <div style="background-color:#ccc;height:50px">
5          这里是导航栏
6        </div>
7      </template>
8      <template v-slot:content>
9        <div style="background-color:#ddd;height:50px">
10         这里是图书展示信息
11       </div>
12     </template>
13     <template v-slot:footer>
14       <div style="background-color:#eee;height:50px">
15         这里是底部信息
16       </div>
```

```
17      </template>
18    </my-component>
19 </div>
20 <script>
21 Vue.component('my-component', {
22   render (createElement) {
23     return createElement('div', [
24       createElement('header', this.$slots.header),
25       createElement('content', this.$slots.content),
26       createElement('footer', this.$slots.footer)
27     ])
28   }
29 })
30 var vm = new Vue({ el: '#app' })
31 </script>
```

在上述代码中，第 2 ～ 18 行在 my-component 组件中通过 v-slot 的方式定义了 header、content、footer 插槽；第 23 ～ 27 行代码使用 this.$solts 获取插槽，然后通过 createElement() 处理后渲染到页面中。

（2）在浏览器中打开 demo18.html 文件，运行结果如图 3-21 所示。

图 3-21　插槽页面结构

本章小结

本章讲解的内容包括 Vue.directive()、Vue.use() 等常用全局 API 的使用，vm.$props、vm.$options、vm.$slots 等实例属性的使用，以及 Vue 全局配置、组件的 mixins、组件中渲染函数的使用。通过本章的学习，读者应能够熟练使用 Vue 完成一些简单的页面操作。

课后习题

一、填空题

1. Vue 实例对象通过________方式来获取。
2. Vue 初始数据通过________方式获取。
3. Vue 中通过________获取当前实例的子组件。

4. Vue中创建插件提供的方法是________。

5. Vue中通过________创建自定义指令。

二、判断题

1. Vue提供的全局API接口component()，不能用来注册组件。（　）

2. Vue中Vue.config对象用来实现Vue全局配置。（　）

3. Vue中data选项中的数据具有响应特性。（　）

4. Vue中通过vm.$slots可以获取子组件实例对象。（　）

5. Vue实例对象中通过$options可以获取到父作用域下的所有属性。（　）

三、选择题

1. 下列关于Vue实例对象接口的说法，错误的是（　）。

A. Vue实例对象提供了实例可操作方法

B. Vue实例对象$data数据可以由实例vm委托代理

C. 通过Vue实例对象可以进行Vue全局配置

D. Vue实例对象接口同样可以通过Vue方式调用

2. 下面关于Vue全局配置的说法，错误的是（　）。

A. Vue.config.devtools可以设置devtools调试工具的启用和关闭

B. Vue.config是一个对象，包含Vue的全局配置

C. Vue.component()可以获取Vue全局配置对象

D. Vue.set.config可以获取到全局配置对象

3. 下列不属于Vue实例对象属性的是（　）。

A. $data　　B. $component　　C. $props　　D. $root

4. Vue实例对象获取子组件实例对象的方式是（　）。

A. $parent　　B. $children　　C. $child　　D. $component

5. 下面关于Vue.mixin的说法，错误的是（　）。

A. Vue.mixin是Vue提供的全局接口API

B. Vue.mixin可以用来注入组件选项

C. 使用Vue.mixin可能会影响到所有Vue实例

D. Vue.mixin不可以用来注入自定义选项的处理逻辑

四、简答题

1. 请简述什么是Vue插件。

2. 请简述Vue全局API接口的主要内容。

3. 请简单介绍Vue实例对象的属性和方法。

五、编程题

1. 请使用插槽vm.$slots实现一个导航栏结构。

2. 请创建一个自定义插件，实现一个登录页面。

第4章 Vue过渡和动画

在项目中使用过渡和动画能提高用户体验和页面的交互性、影响用户的行为、引导用户的注意力以及帮助用户看到自己动作的反馈。例如，在单击“加载更多”时，加载动画能提醒用户等待，使其保持兴趣而不会感到无聊。本章将结合案例讲解如何在Vue项目中实现过渡和动画。

教学导航

学习目标	1. 了解过渡和动画的含义 2. 掌握内置过渡类名及自定义类名的使用方法 3. 掌握使用JavaScript钩子创建动画的方法 4. 熟悉单元素、多元素、多组件的过渡动画 5. 掌握列表过渡的实现方法 6. 掌握封装可复用过渡动画的方法
教学方式	本章主要以案例讲解、代码演示为主
重点知识	1. 掌握内置过渡类及自定义类的使用方法 2. 熟悉单元素、多元素、多组件的过渡动画 3. 掌握列表过渡的几种方式
关键词	过渡、多个元素过渡、多组件过渡、列表过渡、封装过渡动画、animate.css、Velocity.js、函数式组件、@keyframes

4.1 过渡和动画基础

4.1.1 什么是过渡和动画

Vue在插入、更新或者移除DOM时，提供了多种过渡效果。这里所说的过渡，简而言之，就是从一个状态向另外一个状态插入值，新的状态替换了旧的状态。

Vue提供了内置的过渡封装组件，即transition组件，语法格式如下：

```
<transition name="fade">
  <!-- 需要添加过渡的div标签 -->
  <div></div>
</transition>
```

上述代码中，<transition> 标签中用来放置需要添加过渡的 div 元素，使用 name 属性可以设置前缀，将 name 属性设为 fade，那么“fade–”就是在过渡中切换的类名前缀，如 fade–enter、fade–leave 等。如果 <transition> 标签上没有设置 name 属性名，那么“v–”就是这些类名的默认前缀，如 v–enter、v–leave 等。推荐设置 name 值进行命名，这样在应用到另一个过渡时就不会产生冲突。

通过 <transition> 标签搭配 CSS 动画（如 @keyframes）可以实现动画效果。动画相比过渡来说，可以在一个声明中设置多个状态，例如，可以在动画 20% 的位置设置一个关键帧，然后在动画 50% 的位置设置一个完全不同的状态。另外，<transition> 标签还提供了一些钩子函数，可以结合 JavaScript 代码来完成动画效果，具体会在后面进行讲解。

4.1.2　transition 组件

Vue 为 <transition> 标签内部的元素提供了 3 个进入过渡的类和 3 个离开过渡的类，具体如表 4–1 所示。

表 4–1　过渡类型

过渡状态	过渡类型	说明
进入（enter）	v–enter	进入过渡的开始状态，作用于开始的一帧
	v–enter–active	进入过渡生效时的状态，作用于整个过程
	v–enter–to	进入过渡的结束状态，作用于结束的一帧
离开（leave）	v–leave	离开过渡的开始状态，作用于开始的一帧
	v–leave–active	离开过渡生效时的状态，作用于整个过程
	v–leave–to	离开过渡的结束状态，作用于结束的一帧

表 4–1 中 6 个类的生效时间如下。

- v–enter：在元素被插入之前生效，在元素被插入之后的下一帧移除。
- v–enter–active：在整个进入过渡的阶段中应用，在元素被插入之前生效，在过渡动画完成之后移除。
- v–enter–to：在元素被插入之后的下一帧生效（与此同时 v–enter 被移除），在过渡动画完成之后移除。
- v–leave：在离开过渡被触发时立刻生效，下一帧被移除。
- v–leave–active：在整个离开过渡的阶段中应用，在离开过渡被触发时立刻生效，在过渡完成之后移除。
- v–leave–to：在离开过渡被触发之后的下一帧生效（与此同时 v–leave 被移除），在过渡动画完成之后移除。

小提示：

v–enter–active 和 v–leave–active 可以控制进入和离开过渡的不同缓和曲线。v–enter–to 和 v–leave–to 要求 Vue 2.1.8+ 版本才可以使用。

以上 6 个 CSS 类名在进入和离开的过渡中切换的存在周期如图 4–1 所示。

下面我们通过一个案例来演示如何使用内置的 class 类名来实现过渡。在案例中，我们将通过单击按钮实现图形宽度的隐藏与显示。切换显示状态时，让宽度从 0 增长到 200px；

切换隐藏状态时，让宽度从200px减少到0的过渡效果。具体如例4-1所示。

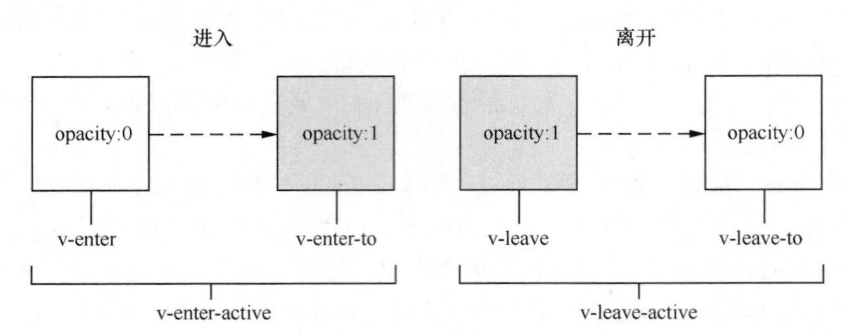

图4-1 transition过渡

【例4-1】

（1）创建C:\vue\chapter04\demo01.html文件，具体代码如下：

```
1  <div id="app">
2    <button @click="toggle">改变图形宽度</button>
3    <transition name="box">
4      <div class="chart" v-if="show"></div>
5    </transition>
6  </div>
```

在上述代码中，第3行将<transition>标签的name属性值设置为box，因此，在写CSS样式时，相对应的类名前缀以“box-”开头；第4行的div元素为一个长方形，使用v-if指令切换组件的可见性，通过show设置显示的状态，这样在单击按钮时可以通过切换布尔值实现元素的显示和隐藏。

（2）在demo01.html文件中编写CSS样式，具体代码如下：

```
1  /* 图形的初始状态 */
2  .chart {
3    width: 200px;
4    height: 50px;
5    background-color: orange;
6  }
7  /* 进入和离开的过程 */
8  .box-enter-active, .box-leave-active {
9    transition: width 3s;  /* width 的变化，动画时间是 3 秒 */
10 }
11 /* 进入的初始状态和离开的结束状态 */
12 .box-enter, .box-leave-to {
13   width: 0px;
14 }
15 /* 进入的结束状态和离开的初始状态 */
16 .box-enter-to, .box-leave {
17   width: 200px;
18 }
```

（3）在demo01.html文件中编写JavaScript代码，具体代码如下：

```
1  var vm = new Vue({
2    el: '#app',
3    data: {
```

```
4        show: true,
5      },
6      methods: {
7        toggle () {
8          this.show = !this.show    // 每次都取反
9        }
10     }
11 })
```

（4）在浏览器中打开 demo01.html，运行结果如图 4-2 所示。

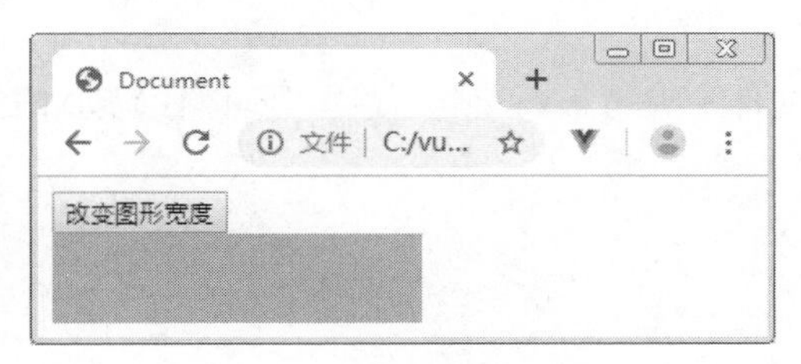

图 4-2　改变图形宽度

在图 4-2 所示的页面中，多次单击“改变图形宽度”按钮，会看到图形宽度变化的动画效果，第 1 次单击时，宽度逐渐缩小为 0，第 2 次单击时，宽度逐渐放大为 200px。

4.1.3　自定义类名

Vue 中的 transition 组件允许使用自定义的类名。如果使用自定义类名，则不需要给 <transition> 标签设置 name 属性。自定义类名是通过属性来设置的，具体属性如下。

- enter-class
- enter-active-class
- enter-to-class
- leave-class
- leave-active-class
- leave-to-class

自定义类名的优先级高于普通类名，所以能够很好地与其他第三方 CSS 库结合使用。接下来我们将通过 animate.css 动画库来演示自定义类名的使用。

1. 自定义类名结合 animate.css 实现动画

animate.css 是一个跨浏览器的 CSS 3 动画库，它内置了很多经典的 CSS 3 动画，使用起来很方便。下面我们通过例 4-2 讲解如何使用自定义类名和 animate.css 库实现动画效果。

【例 4-2】

（1）从 animate.css 官方网站获取 animate.css 文件，保存到 chapter04 目录中。

（2）创建 C:\vue\chapter04\demo02.html 文件，引入 animate.css，如下所示：

```
1  <link rel="stylesheet" href="animate.css">
```

（3）在 demo02.html 文件中编写 HTML 结构，具体代码如下：

```
1  <div id="app">
2    <button @click="show=!show">显示 / 隐藏</button>
```

```
3   <transition enter-active-class="animated bounceInLeft"
4    leave-active-class="animated bounceOutLeft">
5     <p v-if="show">过渡文字效果</p>
6   </transition>
7 </div>
```

上述代码中，第 3、4 行给 <transition> 标签设置了 enter-active-class 与 leave-active-class 两个属性，用来自定义类名，属性值为 animate.css 动画库中定义好的类名。例如，第 3 行的 “animated bounceInLeft” 包含两个类名，animated 是基本的类名，任何想实现动画的元素都要添加它；bounceInLeft 是动画的类名，bounceInLeft 表示入场动画，bounceOutLeft 表示出场动画。

（4）在 demo02.html 文件中编写 JavaScript 代码，具体代码如下：

```
1 var vm = new Vue({
2   el: '#app',
3   data: { show: true }
4 })
```

（5）保存代码，在浏览器中运行程序。单击“显示 / 隐藏”按钮，即可看到文字显示或隐藏的动画效果。

2. appear 初始渲染动画

在前面的案例中，动画效果都是在事件处理方法中控制的，在元素初始渲染时（页面刚打开时）并没有动画效果。如果希望给元素添加初始渲染的动画效果，可以通过给 transition 组件设置 appear 属性来实现。示例代码如下：

```
1 <transition appear appear-class="custom-appear-class"
2  appear-to-class="custom-appear-to-class"
3  appear-active-class="custom-appear-active-class">
4 </transition>
```

在上述代码中，appear 表示开启此特性，appear-class 表示初始 class 样式，appear-to-class 表示过渡完成的 class 样式，appear-active-class 会应用在整个过渡过程中。

为了使读者更好地理解，下面我们通过例 4-3 进行演示。

【例 4-3】

（1）创建 C:\vue\chapter04\demo03.html 文件，具体代码如下：

```
1 <link rel="stylesheet" href="animate.css">
2 <div id="app">
3   <button @click="show=!show">显示 / 隐藏</button>
4   <transition appear appear-active-class="animated swing"
5    enter-active-class="animated bounceIn"
6    leave-active-class="animated bounceOut">
7     <div v-if="show">过渡文字效果</div>
8   </transition>
9 </div>
10 <script>
11 var vm = new Vue({ el: '#app', data: { show: true } })
12 </script>
```

在上述代码中，第 4 行在 <transition> 标签中定义了 appear 和 appear-active-class 属性。

（2）在浏览器中打开 demo03.html 文件，查看元素初次渲染的过渡动画效果。

小提示：

关于appear-class、appear-to-class、appear-active-class三者的排序问题，分为以下4种情况。

（1）如果appear-active-class排在最后一个，只有appear-active-class属性起作用。

（2）如果appear-active-class排在第一个，它本身不起作用。此时由appear-class过渡到appear-to-class属性。

（3）如果appear-class排在第一个，它本身不起作用。由appear-active-class过渡到appear-to-class属性。

（4）如果appear-to-class排在第一个，它本身不起作用，由appear-class过渡到appear-active-class属性。

4.1.4 使用@keyframes创建CSS动画

使用@keyframes创建CSS动画的用法与前面讲到的CSS过渡用法类似，区别在于动画中v-enter类名在节点插入DOM后不会立即删除，而是在animationend（动画结束）事件触发时删除。

@keyframes规则创建动画，就是将一套CSS样式逐步演变成另一套样式，在创建动画过程中，可以多次改变CSS样式，通过百分比或关键词from和to（等价于0%和100%）来规定动画的状态。@keyframes的语法格式为如下：

```
@keyframes animation-name {
  keyframes-selector { css-styles; }
}
```

在上述语法中，keyframes-selector表示动画时长的百分比，css-styles表示一个或者多个合法的CSS样式属性。

下面我们通过例4-4演示如何使用@keyframes创建CSS动画。

【例4-4】

（1）创建C:\vue\chapter04\demo04.html文件，具体代码如下：

```
1 <div id="app">
2   <button @click="show=!show">使用@keyframes创建CSS动画</button>
3   <transition name="bounce">
4     <div class="circular" v-if="show">圆形</div>
5   </transition>
6 </div>
7 <script>
8 var vm = new Vue({ el: '#app', data: { show: true } })
9 </script>
```

在上述代码中，第2行给button按钮添加了单击事件，通过单击按钮，改变变量show的值，第4行的圆形就会根据CSS中@keyframes规则来完成动画。

（2）在demo04.html文件中编写CSS样式，具体代码如下：

```
1 div.circular {
2   width: 100px; height: 100px; background: red;
3   border-radius: 50%; margin-top: 20px; text-align: center;
4   line-height: 100px; color: #fff;
```

```
5  }
6  .bounce-enter-active {
7    animation: Ami .5s;
8  }
9  .bounce-leave-active {
10   animation: Ami .5s;
11 }
12 @keyframes Ami {
13   0% {transform: scale(0); background: red;}
14   20% {transform: scale(1); background: burlywood;}
15   50% {transform: scale(1.5); background: blueviolet;}
16   100% {transform: scale(1); background: burlywood;}
17 }
```

在上述代码中，因为 transition 的 name 属性值为 bounce，所以第 6 行和第 9 行的类名使用“bounce-”作为前缀名。第 12 ～ 17 行用于通过 @keyframes 规则来创建名称为 Ami 的动画样式，其中，0% 表示动画的开始状态，100% 表示动画的结束状态。

（3）在浏览器中打开 demo04.html，观察动画效果是否生效。

4.1.5 钩子函数实现动画

Vue 中除了使用 CSS 动画外，还可以借助 JavaScript 来完成动画。在 <transition> 标签中定义了一些动画钩子函数，用来实现动画。钩子函数可以结合 CSS 过渡（transitions）、动画（animations）使用，还可以单独使用，示例代码如下：

```
1  <transition
2    @before-enter="beforeEnter"
3    @enter="enter"
4    @after-enter="afterEnter"
5    @enter-cancelled="enterCancelled"
6    @before-leave="beforeLeave"
7    @leave="leave"
8    @after-leave="afterLeave"
9    @leave-cancelled="leaveCancelled"
10   v-bind:css="false">
11 </transition>
```

在上述代码中，入场钩子函数分别是 beforeEnter(入场前)、enter(入场)、afterEnter(入场后)和 enterCancelled(取消入场)，出场钩子函数分别是 beforeLeave(出场前)、leave(出场)、afterLeave(出场后)和 leaveCancelled(取消出场)。第 10 行为仅使用 JavaScript 过渡的元素添加 v-bind:css="false"，表示给 CSS 绑定了 false 值，Vue 会跳过 CSS 的检测，避免过渡过程中受到 CSS 的影响。

下面我们演示如何在 methods 中编写钩子函数，示例代码如下：

```
1  methods: {
2    // beforeEnter 入场钩子函数
3    // 动画入场之前，此时动画尚未开始，设置元素开始动画之前的起始样式
4    beforeEnter (el) {},
5    // enter 用于设置动画开始之后的样式
6    enter (el, done) {
7      // ...
```

```
8       done()
9     },
10    // 在入场动画完成之后会调用
11    afterEnter (el) {},
12    enterCancelled (el) {},
13    // 出场钩子函数
14    beforeLeave (el) {},
15    leave (el, done) {
16      // ...
17      done()
18    },
19    afterLeave (el) {},
20    leaveCancelled (el) {},
21 }
```

上述代码中，所有的钩子函数都会传入 el 参数（el 为 element 的缩写），el 指的是动画 <transition> 包裹的标签。其中，enter 和 leave 动画钩子函数，还会传入 done 作为参数，用来告知 Vue 动画结束。在 enter 和 leave 中，当与 CSS 结合使用时，回调函数 done 是可选的，而当使用 JavaScript 过渡的时候，回调函数 done 是必须的，否则过渡会立即完成。enterCancelled 和 leaveCancelled 动画钩子函数只应用于 v-show 中。

4.1.6　Vue 结合 Velocity.js 实现动画

Velocity.js 是一个简单易用、高性能且功能丰富的轻量级 JavaScript 动画库，它拥有颜色动画、转换动画（transforms）、循环、缓动、SVG 动画和滚动动画等特色功能。它支持 Chaining 链式动画，当一个元素连续应用多个 velocity() 时，动画以列队的方式执行。

接下来我们通过例 4-5 讲解如何使用 Vue 结合 Velocity.js 库实现动画效果。

【例 4-5】

（1）获取 velocity.min.js 文件，保存到 chapter04 目录中。

（2）创建 C:\vue\chapter04\demo05.html 文件，引入 velocity.min.js，如下所示：

```
1  <script src="velocity.min.js"></script>
```

（3）在 demo05.html 文件中编写 HTML 结构，具体代码如下：

```
1  <div id="app">
2    <button @click="show=!show">动画效果</button>
3    <transition @before-enter="beforeEnter" @enter="enter"
4     @leave="leave" v-bind:css="false">
5      <p v-if="show">文字动画效果</p>
6    </transition>
7  </div>
```

在上述代码中，第 3 ～ 4 行给 <transition> 标签添加了 beforeEnter 和 enter 两个入场动画函数，和一个 leave 出场动画函数。

（4）在 demo05.html 文件中编写 JavaScript 代码，具体代码如下：

```
1  var vm = new Vue({
2    el: '#app',
3    data: {
4      show: false,
5    },
```

```
6    methods: {
7      beforeEnter (el) {
8        el.style.opacity = 0                          // 透明度为 0
9        el.style.transformOrigin = 'left'             // 设置旋转元素的基点位置
10       el.style.color = 'red'                        // 颜色为红色
11     },
12     enter (el, done) {
13       Velocity(el, {opacity: 1, fontSize: '1.4em'}, {duration: 300})
                                                       // duration 为动画执行时间
14       Velocity(el, {fontSize: '1em'}, {complete: done})
15     },
16     leave (el, done) {
17       Velocity(el, {translateX: '15px', rotateZ: '50deg'},
18        {duration: 3000})
19       Velocity(el, {rotateZ: '100deg'}, {loop: 2})
20       Velocity(el, {rotateZ: '45deg', translateY: '30px',
21        translateX: '30px', opacity: 0}, {complete: done})
22     }
23   }
24 })
```

上述代码演示了利用 Velocity.js 库实现动画效果，其中，第 12 ～ 22 行调用了 Velocity() 函数，该函数的第 1 个参数是 DOM 元素，第 2 个参数用来传入 CSS 参数列表，第 3 个参数表示动画的配置项。

（5）在浏览器中打开 demo05.html，观察动画效果是否生效。

4.2 多个元素过渡

前面我们讲解的过渡都是针对单个元素或单个组件来说的。transition 组件在同一时间内只能有一个元素显示，当有多个元素时，需要使用 v-if、v-else 或者 v-else-if 来区别显示条件，并且元素需要绑定不同的 key 值，否则 Vue 会复用元素，无法产生动画效果。本节将会讲解如何实现多个元素的过渡。

4.2.1 不同标签名元素的过渡

不相同标签名元素可以使用 v-if 和 v-else 来进行过渡，但相同标签名元素不可用（没有过渡效果），因为 Vue 为了效率只会替换相同标签中的内容，除非设置 key 值（关于如何设置 key 值会在下一节进行讲解）。

下面我们通过例 4-6 演示不同标签名元素的过渡。

【例 4-6】

创建 C:\vue\chapter04\demo06.html 文件，具体代码如下：

```
1 <transition>
2   <ul v-if="items.length > 0">
3     <li>项目 1</li>
4     <!-- 项目 ... -->
5   </ul>
```

```
6   <p v-else> 抱歉，没有找到您查找的内容。</p>
7 </transition>
```

在上述代码中，第 2 行使用 v-if 判断 items.length 的长度，如果长度大于 0 就显示 <ul> 标签中的列表内容，否则就显示第 6 行的 <p> 标签的内容。

4.2.2　相同标签名元素的过渡

当有相同标签名的元素切换时，需要通过 key 特性设置唯一值来标记，从而让 Vue 区分它们。下面我们通过例 4-7 演示当有相同标签名 button 时，设置 key 值来实现切换。

【例 4-7】

创建 C:\vue\chapter04\demo07.html 文件，具体代码如下：

```
1 <div id="app">
2   <button @click="isEdit=!isEdit"> 切换编辑和保存按钮 </button>
3   <div>
4     <transition name="fade">
5       <button v-if="isEdit" key="edit"> 编辑 </button>
6       <button v-else key="save"> 保存 </button>
7     </transition>
8   </div>
9 </div>
10 <script>
11 var vm = new Vue({
12   el: '#app',
13   data: { isEdit: true }
14 })
15 </script>
```

上述代码实现了通过单击第 2 行的 button 按钮，来切换第 5 ～ 6 行的“编辑”和“保存”两个 button 按钮。当变量 isEdit 为 true 时，显示“编辑”按钮；为 false 时，显示“保存”按钮。

下面我们通过例 4-8 演示给同一个元素的 key 属性设置不同的状态来代替 v-if 和 v-else。

【例 4-8】

创建 C:\vue\chapter04\demo08.html 文件，具体代码如下：

```
1 <div id="app">
2   <button @click="isEdit=!isEdit"> 切换编辑和保存按钮 </button>
3   <div>
4     <transition name="fade">
5       <button v-bind:key="isEdit">
6         {{isEdit ? ' 编辑 ' : ' 保存 '}}
7       </button>
8     </transition>
9   </div>
10 </div>
11 <script>
12 var vm = new Vue({ el: '#app', data: { isEdit: true } })
13 </script>
```

在上述代码中，第 5 行使用 v-bind 指令绑定了 key 属性，实现按钮的切换。

相同标签名元素还可以使用多个 v-if 结合 key 属性来实现过渡，如例 4-9 所示。

【例 4-9】

创建 C:\vue\chapter04\demo09.html 文件，具体代码如下：

```
1  <style>
2    .row-enter { width: 0px; }
3    .row-enter-active {  transition: width 3s;  }
4    .row-enter-to{ width: 200px; }
5    .red { background: red; height: 20px; }
6    .blue { background: blue; height: 20px;  }
7    .yellow { background: yellow; height: 20px;  }
8  </style>
9  <div id="app">
10   <button @click="showNum">切换</button>
11   <div>
12     <transition name="row">
13       <div class="red" v-if="show == 'A'" key="A"></div>
14       <div class="blue" v-if="show == 'B'" key="B"></div>
15       <div class="yellow" v-if="show == 'C'" key="C"></div>
16     </transition>
17   </div>
18 </div>
19 <script>
20 var vm = new Vue({
21   el: '#app',
22   data: { show: 'A' }, // 初始化 show 的值为 A
23   methods: {
24     showNum () {
25       if (this.show == 'A') {
26         return this.show = 'B'
27       } else if (this.show == 'B') {
28         return this.show = 'C'
29       } else {
30         return this.show = 'A'
31       }
32     }
33   }
34 })
35 </script>
```

上述代码中，单击第 10 行的“切换”按钮，就会判断 show 的值。在第 13 ～ 15 行需要通过 key 属性设置唯一值来标记它们。

另外，也可以使用 computed 计算属性来监控变量 show 的变化，在页面上进行数据绑定来展示结果，如例 4-10 所示。

【例 4-10】

创建 C:\vue\chapter04\demo10.html 文件，具体代码如下：

```
1  <div id="app">
2    <transition name="fade">
3      <span v-bind:key="show">{{ showNum }}</span>
```

```
4     </transition>
5   </div>
6   <script>
7   var vm = new Vue({
8     el: '#app',
9     data: { show: 'B' },
10    computed: {
11      showNum () {
12        switch (this.show) {
13          case 'A': return '我是a'
14          case 'B': return '我是b'
15          case 'C': return '我是c'
16        }
17      }
18    }
19  })
20  </script>
```

在上述代码中，当data中的show的值发生变化时，页面中显示的showNum的值也会发生改变。

4.2.3 过渡模式

新旧两个元素参与过渡的时候，新元素的进入和旧元素的离开会同时触发，这是因为<transition>的默认行为进入和离开同时发生了。如果要求离开的元素完全消失后，进入的元素再显示出来（如开关的切换），可以使用transition提供的过渡模式mode，来解决当一个组件离开后，另一个组件进来时发生的位置的闪动或阻塞问题。

过渡模式的原理是，设置有序的过渡而不是同时发生过渡。在transition中加入mode属性，它有两个值，分别是in-out和out-in，out-in表示当前元素先进行过渡，完成之后新元素过渡进入，in-out表示新元素先进行过渡，完成之后当前元素过渡离开。

下面我们通过例4-11演示通过out-in实现开关的切换过渡效果。

【例4-11】

创建C:\vue\chapter04\demo11.html文件，具体代码如下：

```
1   <style>
2     .fade-enter, .fade-leave-to{ opacity: 0; }
3     .fade-enter-active, .fade-leave-active{ transition: opacity .5s; }
4   </style>
5   <div id="app">
6     <transition name="fade" mode="out-in">
7       <button :key="isOff" @click="isOff=!isOff">
8         {{isOff ? 'Off' : 'On'}}</button>
9     </transition>
10  </div>
11  <script>
12  var vm = new Vue({ el: '#app', data: { isOff: false } })
13  </script>
```

在上述代码中，第6行在<transition>标签中加入mode属性值为out-in，表示当前元素过渡完成之后，新元素才会过渡进来。

4.3 多个组件过渡

多个组件之间的过渡，不需要使用 key 特性，只需要使用动态组件即可。动态组件需要通过 Vue 中的 <component> 元素绑定 is 属性来实现多组件的过渡。下面我们通过例 4-12 演示如何实现多个组件的过渡。

【例 4-12】

（1）创建 C:\vue\chapter04\demo12.html 文件，具体代码如下：

```
1  <!-- 定义登录组件 -->
2  <template id="example1">
3    <span> 我是登录组件 </span>
4  </template>
5  <!-- 定义注册组件 -->
6  <template id="example2">
7    <span> 我是注册组件 </span>
8  </template>
9  <div id="app">
10   <a href="javascript:;" @click="compontentName='example1'"> 登录 </a>
11   <a href="javascript:;" @click="compontentName='example2'"> 注册 </a>
12   <transition name="fade" mode="in-out">
13     <component :is="compontentName"></component>
14   </transition>
15 </div>
```

上述代码中，第 2 ～ 8 行定义了两个组件 example1 和 example2；第 12 行为 transition 标签设置 mode 属性为 in-out；第 13 行使用了 component 组件的 is 属性来实现组件切换，is 属性用于根据组件名称的不同来切换显示不同的组件控件。

（2）在 demo12.html 文件中编写 JavaScript 代码，具体代码如下：

```
1  Vue.component('example1', {template: '#example1'})
2  Vue.component('example2', {template: '#example2'})
3  var vm = new Vue({
4    el: '#app',
5    data: { compontentName: '' }
6  })
```

（3）在 demo12.html 文件中编写 CSS 样式，具体代码如下：

```
1  .fade-enter-active, .fade-leave-active {
2    transition: opacity .5s ease;
3  }
4  .fade-enter, .fade-leave-to {
5    opacity: 0;
6  }
```

上述代码使用了 CSS 3 中的 transition 动画过渡属性，用于控制元素的透明度。

（4）在浏览器中打开 demo12.html，当切换“登录”和“注册”时，新元素会先进行过渡，完成之后当前元素过渡离开。

4.4　列表过渡

4.4.1　什么是列表过渡

前面的开发中我们都是使用 transition 组件来实现过渡效果，其主要是用于单个元素或者同一时间渲染多个元素中的一个。而对于列表过渡，则需要使用 v-for 和 transition-group 组件来实现，示例代码如下：

```
1 <transition-group name="list" tag="div">
2   <span v-for="item in items" :key="item">
3     {{ item }}
4   </span>
5 </transition-group>
```

上述代码中，外层的 <transition-group> 标签相当于给每一个被包裹的 span 元素在外面添加了一个 <transition> 标签，相当于把列表的过渡转化为单个元素的过渡。transition-group 组件会以一个真实元素呈现，在页面中默认渲染成 <span> 标签，可以通过 tag 属性来修改，如 <transition-group tag="div"> 渲染出来就是 div 标签。

小提示：

（1）列表的每一项都需要进行过渡，列表在循环时要给每一个列表项添加唯一的 key 属性值，这样列表才会有过渡效果。

（2）在进行列表过渡时，过渡模式不可用，因为不再互相切换特有的元素。

4.4.2　列表的进入和离开过渡

下面我们将以一个简单的案例讲解列表过渡，通过 name 属性自定义 CSS 类名前缀，来实现进入和离开的过渡效果。具体如例 4-13 所示。

【例 4-13】

（1）创建 C:\vue\chapter04\demo13.html 文件，具体代码如下：

```
1 <div id="app">
2   <button @click="add">随机插入一个数字 </button>
3   <button @click="remove">随机移除一个数字 </button>
4   <transition-group name="list" tag="p">
5     <span v-for="item in items" :key="item" class="list-item">
6       {{item}}
7     </span>
8   </transition-group>
9 </div>
```

上述代码中，第 2 ～ 3 行给两个 button 按钮分别绑定 add 和 remove 单击事件，实现单击后随机插入或随机移除一个数字，在插入或移除的过程中会有过渡动画。

（2）在 demo13.html 文件中编写 JavaScript 代码，具体代码如下：

```
1 var vm = new Vue({
2   el: '#app',
```

```
3   data: {
4     items: [1, 2, 3, 4, 5],   // 定义数字数组
5     nextNum: 6                // 下一个数字从 6 开始
6   },
7   methods: {
8     randomIndex () {
9       return Math.floor(Math.random() * this.items.length)
10    },
11    add () {     // 单击 " 随机插入一个数字 " 时触发
12      this.items.splice(this.randomIndex(), 0, this.nextNum++)
13    },
14    remove () {     // 单击 " 随机移除一个数字 " 时触发
15      this.items.splice(this.randomIndex(), 1)
16    }
17  }
18 })
```

（3）在 demo13.html 文件中编写 CSS 样式，具体代码如下：

```
1  /* 数字圆圈样式 */
2  .list-item {
3    display: inline-block; margin-right: 10px; background-color: red;
4    border-radius: 50%; width: 25px; height: 25px; text-align: center;
5    line-height: 25px; color: #fff;
6  }
7  /* 插入或移除元素的过程 */
8  .list-enter-active, .list-leave-active {
9    transition: all 1s;
10 }
11 /* 开始插入或移除结束的位置变化 */
12 .list-enter, .list-leave-to {
13   opacity: 0;
14   transform: translateY(30px);
15 }
```

（4）在浏览器中打开 demo13.html，查看页面效果。单击“随机插入一个数字”，效果如图 4–3 所示；单击“随机移除一个数字”按钮，效果如图 4–4 所示。

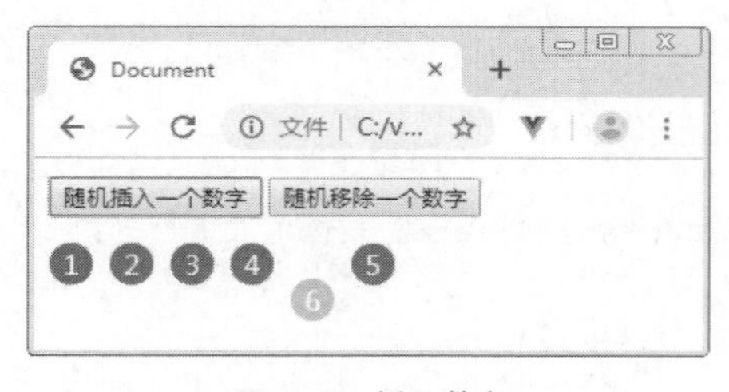

图 4–3　插入数字

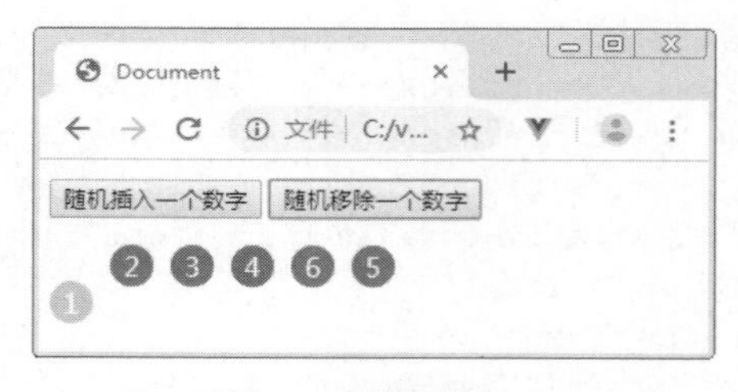

图 4–4　移除数字

4.4.3　列表的排序过渡

在例 4–13 中，当插入或移除元素的时候，虽然有过渡动画，但是周围的元素会瞬间移动到新的位置，而不是平滑地过渡。为了实现平滑过渡，可以借助 v–move 特性。v–move 对于设置过渡的切换时机和过渡曲线非常有用。

v-move 特性会在元素改变定位的过程中应用，它同之前的类名一样，可以通过 name 属性来自定义前缀（例如 name="list"，则对应的类名就是 list-move），当然也可以通过 move-class 属性手动设置自定义类名。

下面我们通过代码演示 v-move 的使用。修改例 4-13 中的 CSS 部分，借助 v-move 和定位来实现元素平滑过渡到新位置的效果，具体代码如下：

```
1  /* 数字圆圈部分样式 */
2  .list-item {
3    display: inline-block; margin-right: 10px; background-color: red;
4    border-radius: 50%; width: 25px; height: 25px; text-align: center;
5    line-height: 25px; color: #fff;
6  }
7  /* 插入元素过程 */
8  .list-enter-active {
9    transition: all 1s;
10 }
11 /* 移除元素过程 */
12 .list-leave-active {
13   transition: all 1s;
14   position: absolute;
15 }
16 /* 开始插入 / 移除结束的位置变化 */
17 .list-enter, .list-leave-to {
18   opacity: 0;
19   transform: translateY(30px);
20 }
21 /* 元素定位改变时的动画 */
22 .list-move {
23   transition: transform 1s;
24 }
```

保存上述代码，在浏览器中查看运行效果，可以看到在插入或移除元素时实现了平滑的过渡。

Vue 使用了 FLIP 简单动画队列来实现排序过渡，所以即使没有插入或者移除元素，对于元素顺序的变化也支持过渡动画。FLIP 动画能提高动画的流畅度，可以解决动画的卡顿、闪烁等不流畅的现象，它不仅可以实现单列过渡，也可以实现多维网格的过渡。FLIP 代表 First、Last、Invert、Play，有兴趣的读者可以自行研究学习。

接下来我们通过例 4-14 讲解如何使用 FLIP 动画实现单列表排序，所有变动都会发生动画过渡的效果。

【例 4-14】

（1）获取 lodash.min.js 文件，保存到 chapter04 目录中。

（2）创建 C:\vue\chapter04\demo14.html 文件，引入 lodash.min.js，如下所示：

```
1  <script src="lodash.min.js"></script>
```

（3）在 demo14.html 文件中编写 HTML 结构，具体代码如下：

```
1  <div id="app">
2    <button @click="shuffle">洗牌</button>
3    <transition-group name="list" tag="p">
```

```
4     <span v-for="item in items" :key="item" class="list-item">
5       {{ item }}
6     </span>
7   </transition-group>
8 </div>
```

（4）在 demo14.html 文件中编写 CSS 样式，具体代码如下：

```
1 .list-item {
2   display: inline-block; margin-right: 10px; background-color: red;
3   border-radius: 50%; width: 25px; height: 25px; text-align: center;
4   line-height: 25px; color: #fff;
5 }
6 /* 元素定位改变时动画 */
7 .list-move {
8   transition: transform 1s;
9 }
```

上述代码中，第 1 ～ 5 行的“.list-item”元素使用了 FLIP 过渡，该元素不能设置为“display:inline”，作为替代方案，可以设置为 display:inline-block 或者放置于 flex 中。

（5）在 demo14.html 文件中编写 JavaScript 代码，具体代码如下：

```
1 var vm = new Vue({
2   el: '#app',
3   data () {
4     return { items: [1, 2, 3, 4, 5] }
5   },
6   methods: {
7     shuffle () {
8       // shuffle() 函数把数组中的元素按随机顺序重新排列
9       this.items = _.shuffle(this.items)
10    }
11  }
12 })
```

（6）在浏览器中打开 demo14.html，单击“洗牌”按钮查看动画效果。

4.4.4 列表的交错过渡

在 Vue 中还可以实现列表的交错过渡效果，它是通过 data 属性与 JavaScript 通信来实现的。接下来我们通过例 4-15 来讲解如何使用钩子函数结合 Velocity.js 库实现搜索功能，根据关键字来筛选出符合要求的列表数据，并添加过渡效果。

【例 4-15】

（1）创建 C:\vue\chapter04\demo15.html 文件，引入 velocity.min.js，如下所示：

```
1 <script src="velocity.min.js"></script>
```

（2）在 demo15.html 文件中编写 HTML 结构，具体代码如下：

```
1 <div id="app">
2   <input placeholder="请输入要查找的内容" v-model="query">
3   <transition-group name="item" tag="ul" @before-enter="beforeEnter"
4    @enter="enter" @leave="leave" v-bind:css="false">
5     <li v-for="(item, index) in ComputedList" :key="item.msg"
6      :data-index="index">
```

```
7        {{ item.msg }}
8      </li>
9    </transition-group>
10 </div>
```

在上述代码中，第 2 行给 input 输入框添加了 v-model 双向数据绑定指令；第 3 ～ 4 行在 <transition-group> 组件中添加了 before-enter、enter 和 leave 钩子函数，并修改默认的 span 标签为 ul 标签；第 5 行在 li 标签中使用 v-for 循环 ComputedList 数组；第 6 行使用 v-bind 绑定 data-index 属性。

（3）在 demo15.html 文件中编写 JavaScript 代码，具体代码如下：

```
1  var vm = new Vue({
2    el: '#app',
3    data () {
4      return {
5        query: '',     // v-model 绑定的值
6        items: [
7          { msg: '张三' }, { msg: '李四' }, { msg: '张芳芳' },
8          { msg: '王琳琳' }, { msg: '冯圆' }
9        ]
10     }
11   },
12   computed: {  // 计算属性
13     ComputedList () {
14       var vm = this.query        // 获取到 input 输入框中的内容
15       var nameList = this.items  // 数组
16       return nameList.filter(function (item) {
17         return item.msg.toLowerCase().indexOf(vm.toLowerCase()) !== -1
18       })
19     }
20   },
21   methods: {
22     beforeEnter (el) {
23       el.style.opacity = 0
24       el.style.height = 0
25     },
26     enter (el, done) {
27       var delay = el.dataset.index * 150
28       setTimeout(function () {
29         Velocity(el, {opacity: 1, height: '1.6em'}, {complete: done})
30       }, delay)
31     },
32     leave (el, done) {
33       var delay = el.dataset.index * 150
34       setTimeout(function () {
35         Velocity(el, {opacity: 0, height: 0}, {complete: done})
36       }, delay)
37     }
38   }
39 })
```

上述代码中，第 13 ～ 19 行在 computed 属性中对 nameList 数组进行关键字过滤处理后

返回一个结果值，把所有符合规则的数据全部保存在 ComputedList 数组中，在页面进行数据渲染；第 22 ～ 37 行在 methods 中编写 beforeEnter()、enter()、leave() 过渡动画方法。

第 16 行代码使用了 JavaScript 中的迭代函数 filter，来实现 nameList 数组元素的查找，返回查找后的结果。

第 17 行代码把数组中的 item.msg 和需要查找的输入框内容使用 toLowerCase() 方法同时转换为小写进行查找。在使用 indexOf() 进行字符串的检索时，如果可以查找到，则返回的索引值大于或等于 0，如果找不到，则返回 -1。

（4）在浏览器中打开 demo15.html，运行结果如图 4-5 所示。

（5）输入关键字“张”进行查找，运行结果如图 4-6 所示。

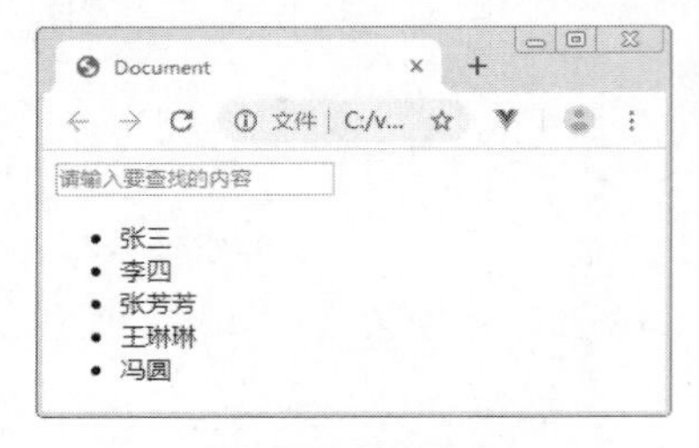

图 4-5 列表数据

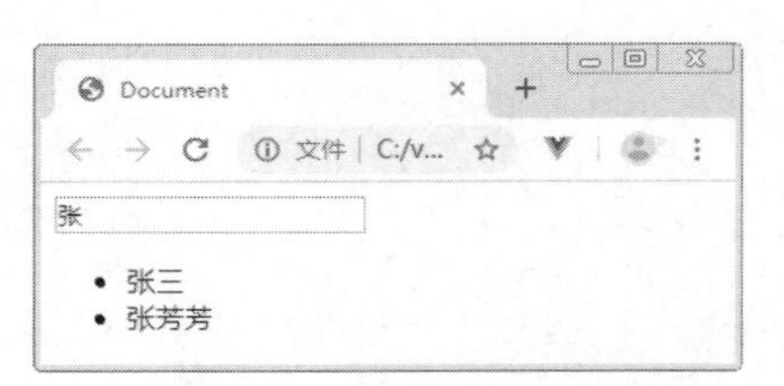

图 4-6 查找结果

4.4.5 可复用的过渡

在 Vue 中，过渡代码可以通过组件实现复用。若要创建一个可复用的过渡组件，需要将 transition 或者 transition-group 作为组件模板结构，然后在其内部通过插槽的方式编写列表结构即可。下面我们就来讲解两种实现过渡的封装的方式。

1. template 方式

使用 template 方式实现列表可复用的过渡，具体如例 4-16 所示。

【例 4-16】

（1）创建 C:\vue\chapter04\demo16.html 文件，具体代码如下：

```
1  <script src="velocity.min.js"></script>
2  <div id="app">
3    <input placeholder=" 请输入要查找的内容 " v-model="query">
4    <fade :query="query" :items="items">
5      <li v-for="(item, index) in ComputedList"
6       :key="item.msg" :data-index="index">
7        {{ item.msg }}
8      </li>
9    </fade>
10 </div>
11 <template id="temp">
12   <transition-group name="item" tag="ul" @before-enter="beforeEnter"
13    @enter="enter" @leave="leave" :css="false">
14     <slot></slot>
15   </transition-group>
16 </template>
```

上述代码中，fade 为自定义组件的名称，第 4 行使用“:”符号（v-bind 简写）绑定了 query 和 items 变量，用来动态传递 props。

（2）在 demo16.html 文件中编写 JavaScript 代码，具体代码如下：

```
1  Vue.component('fade', {           // 定义组件名为 fade
2    props: ['query', 'items'],      // 组件实例的属性
3    template: '#temp',
4    methods: {
5      beforeEnter (el) {
6        el.style.opacity = 0
7        el.style.height = 0
8      },
9      enter (el, done) {
10       var delay = el.dataset.index * 150
11       setTimeout(function () {
12         Velocity(el, {opacity: 1, height: '1.6em'}, {complete: done})
13       }, delay)
14     },
15     leave (el, done) {
16       var delay = el.dataset.index * 150
17       setTimeout(function () {
18         Velocity(el, {opacity: 0, height: 0}, {complete: done})
19       }, delay)
20     }
21   }
22 })
23 var vm = new Vue({
24   el: '#app',
25   data:{
26     query: '',
27     items: [{ msg: '张三' }, { msg: '李四' }, { msg: '张芳芳' },
28      { msg: '王琳琳' }, { msg: '冯圆' }]
29   },
30   computed: {  // 计算属性
31     ComputedList () {
32       var vm = this.query
33       var nameList = this.items
34       return nameList.filter(function (item) {
35         return item.msg.toLowerCase().indexOf(vm.toLowerCase()) !== -1
36       })
37     }
38   }
39 })
```

上述代码通过 Vue.component() 声明了一个 fade 组件，fade 组件是可复用的 Vue 实例，可以接收 data、methods 选项。

（3）在浏览器中打开 demo16.html 文件，运行效果与例 4-15 相同。

2．函数式组件方式

函数式组件是一种无状态（没有响应式数据）、无实例（没有 this 上下文）的组件。函数式组件只是一个函数，所以渲染开销很低。基本代码结构如下所示：

```
1  Vue.component('fade', {
2    functional: true, // 标记为函数式组件
3    // props（可选）
```

```
4   props: {
5     // ...
6   },
7   render (createElement, context) {
8     // ...
9     // context.children 表示 fade 组件中的子元素
10    return createElement('transition', context.children)
11  }
12 })
```

上述代码中，第 2 行用来将组件标记为 functional（函数式组件）；第 7 行的 render() 函数用来创建组件模板。

小提示：

在 Vue 2.3.0 版本及以下，如果一个函数式组件想要接收 props，则必须有 props 选项；但是在 2.3.0 以上版本中，可以省略 props 选项，所有组件上的特性会被自动解析为 props。

接下来我们使用函数式组件的方式实现列表的可复用过渡，如例 4–17 所示。

【例 4–17】

（1）创建 C:\vue\chapter04\demo17.html 文件，具体代码如下：

```
1  <script src="velocity.min.js"></script>
2  <div id="app">
3    <input placeholder="请输入要查找的内容" v-model="query">
4    <fade :query="query" :items="items">
5      <li v-for="(item, index) in ComputedList" :key="item.msg"
6       :data-index="index">
7        {{ item.msg }}
8      </li>
9    </fade>
10 </div>
```

（2）在 demo17.html 文件中编写 JavaScript 代码，具体代码如下：

```
1  Vue.component('fade', {
2    functional: true,        // 标记 fade 组件为函数式组件
3    props: ['query', 'items'],
4    render (h, ctx) {
5      var data = {
6        props: {             // props 组件
7          tag: 'ul',         // 修改默认渲染的 span 标签为 ul
8          css: false
9        },
10       on: {
11         beforeEnter (el) {
12           el.style.opacity = 0
13           el.style.height = 0
14         },
15         enter (el, done) {
16           var delay = el.dataset.index * 150
17           setTimeout(function () {
```

```
18             Velocity(el, {opacity: 1, height: '1.6em'}, {complete: done})
19           }, delay)
20         },
21         leave (el, done) {
22           var delay = el.dataset.index * 150
23           setTimeout(function () {
24             Velocity(el, {opacity: 0, height: 0}, {complete: done})
25           }, delay)
26         }
27       }
28     }
29     // data 是传递给组件的数据对象，作为 createElement() 的第 2 个参数传入组件
30     // ctx.children 是 VNode 子节点的数组
31     return h('transition-group', data,ctx.children)
32   }
33 })
34 var vm = new Vue({
35   el: '#app',
36   data: {
37     query: '',
38     items: [{ msg: '张三' }, { msg: '李四' }, { msg: '张芳芳' },
39      { msg: '王琳琳' }, { msg: '冯圆' }]
40   },
41   computed: {
42     ComputedList () {
43       var vm = this.query
44       var nameList = this.items
45       return nameList.filter(function (item) {
46         return item.msg.toLowerCase().indexOf(vm.toLowerCase()) !== -1
47       })
48     }
49   }
50 })
```

上述代码中，第 2 行声明一个函数式组件；第 4 行 render() 函数中的第 1 个参数 h 代表 createElement，用来创建组件模板，第 2 个参数 ctx 代表 context 作为函数组件上下文，用来传递参数；第 5 ～ 28 行中，data 用来传递组件的整个数据对象，它接收 attrs 属性、组件 props、DOM 属性、on 事件监听器等，第 6 ～ 9 行使用 data.props 设置默认渲染的 span 标签为 ul，第 10 ～ 27 行使用 data.on 传递事件的监听器。

（3）在浏览器中打开 demo17.html 文件，运行效果与例 4-15 相同。

本章小结

本章讲解了如何使用 Vue 的过渡和动画来实现想要的效果，内容包括 transition 组件的使用、内置的 CSS 类名、自定义类名、配合第三方 CSS 动画库 animate.css 实现过渡动画、在过渡钩子函数中使用 JavaScript 进行操作，以及配合第三方 JavaScript 动画库 Velocity.js 实现过渡动画。

课后习题

一、填空题

1. Vue 提供的内置过渡封装组件是________。
2. 在过渡封装组件中使用________属性可以重置过渡中切换类名的前缀。
3. 通过________特性设置节点在初始渲染的过渡。
4. 在离开的过渡中有________、________、________3 个 class 切换。
5. ________的类名优先级要高于普通的类名。

二、判断题

1. 函数式组件中的 render() 函数用来创建组件模板。（ ）
2. 给过渡元素添加 v-bind:css="true"，Vue 会跳过 CSS 的检测。（ ）
3. 在 @before-enter 阶段可以设置元素开始动画之前的起始样式。（ ）
4. 在使用 animate.css 库时，基本的 class 样式名是 animate。（ ）
5. enter 和 leave 动画钩子函数，除 el 参数外还会传入一个 done 作为参数。（ ）

三、选择题

1. 下列选项中关于动画钩子函数说法，正确的是（ ）。

A. @leave-cancelled 函数只能用于 v-if 中

B. 对于 @enter 来说，当与 CSS 结合使用时，回调函数 done 是必选的

C. done 作为参数，作用就是告知 Vue 动画结束

D. 钩子函数需要结合 CSS transitions 或 animations 使用，不能单独使用

2. 下列关于 Vue 为 <transition> 标签提供的过渡类名的说法，错误的是（ ）。

A. v-enter 在元素被插入之前生效，在元素被插入之后的下一帧移除

B. v-leave 在离开过渡被触发时立刻生效，下一帧被移除

C. v-enter-active 可以控制进入过渡的不同的缓和曲线

D. 如果 name 属性为 my-name，那么 my- 就是在过渡中切换的类名的前缀

3. 下列选项中关于多个元素过渡的说法，错误的是（ ）。

A. 当有相同标签名的元素切换时，需要通过 key 特性设置唯一的值来标记以让 Vue 区分它们

B. 不相同元素之间可以使用 v-if 和 v-else 来进行过渡

C. <transition> 组件的默认行为指定进入和离开同时发生

D. 不可以给同一个元素的 key 特性设置不同的状态来代替 v-if 和 v-else

四、简答题

1. 请简述 JavaScript 钩子函数包括哪些。
2. 请简述 6 个内置的过渡类名。
3. 请简述自定义过渡类名的属性有哪些。

五、编程题

1. 编写一个登录页面，使用 Tab 栏实现“账号登录”和“二维码登录”这两种方式的切换，并通过 transition 组件结合 animate.css 实现切换时的动画效果。
2. 实现单击一个按钮后，切换盒子的展开和收起状态。

第5章

Vue路由

Vue 中的路由允许使用不同的 URL 来访问不同的内容。本章讲解的内容包括路由的安装和使用，路由对象的常用属性，使用动态路由进行路由匹配、路由嵌套，命名视图和命名路由的方法，以及使用 vue-router 实例方法实现编程式导航的参数传递及获取。

教学导航

学习目标	1. 了解 vue-router 的实现原理 2. 掌握路由的安装与使用方法 3. 熟悉路由对象的常用属性 4. 掌握动态路由的匹配及路由嵌套的方法 5. 掌握命名路由和命名视图的方法 6. 掌握编程式导航的实例方法 7. 掌握 query 和 params 传参方式的使用方法
教学方式	本章主要以案例讲解、代码演示为主
重点知识	1. 掌握命名路由和命名视图的方法 2. 掌握动态路由的匹配及路由嵌套的方法 3. 掌握编程式导航的实例方法 4. 掌握 query 和 params 传参方式的使用方法
关键词	query、params、router.push()、router.replace()、router.go()、history、hash

5.1 初识路由

提到路由，大家一般会想到生活中常见的路由器，路由器主要用于连接多个逻辑上分开的网络，逻辑网络代表一个单独的网络或者一个子网，可以通过路由器功能来完成不同网络之间数据的传递。在 Vue 中也引入了路由的概念，因此，我们先来对程序开发中的路由进行简单地了解。

程序开发中的路由分为后端路由和前端路由，下面我们分别进行简要介绍。

1. 后端路由

后端路由通过用户请求的 URL 分发到具体的处理程序，浏览器每次跳转到不同的 URL，都会重新访问服务器。服务器收到请求后，将数据和模板组合，返回 HTML 页面，或者直接返回 HTML 模板，由前端 JavaScript 程序再去请求数据，使用前端模板和数据进行组合，生成最终的 HTML 页面。图 5–1 演示了后端路由的工作原理。

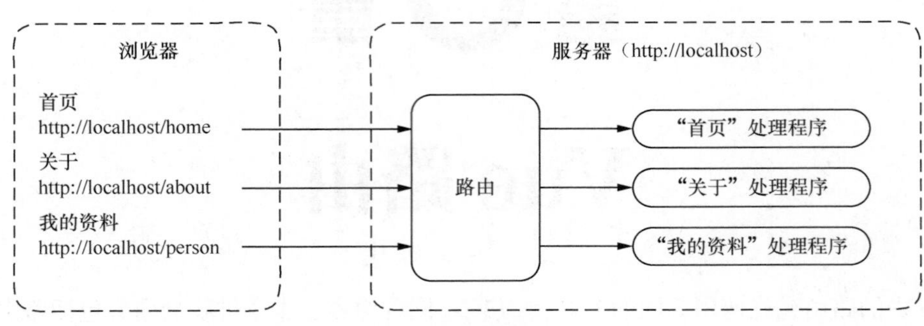

图 5–1 后端路由

在图 5–1 中，网站的服务器地址是 http://localhost，在这个网站中提供了 3 个页面，分别为“首页”“关于”和“我的资料”。当用户在浏览器中输入 URL 地址 http://localhost/person 来访问“我的资料”页面时，服务器就会收到这个请求，找到相对应的处理程序，这就是路由的分发，这一功能是通过路由来实现的。

需要注意的是，浏览器每访问一次新页面的时候，都要向服务器发送请求，然后服务器会响应请求，返回新页面给浏览器，在这个过程中会有一定的网络延迟。

2. 前端路由

前端路由就是把不同路由对应不同的内容或页面的任务交给前端来做。前端路由和后端路由的原理是类似的，但是实现的方式不一样。

对于单页面应用（Single Page Application，SPA）来说，主要通过 URL 中的 hash(# 号）来实现不同页面之间的切换。hash 有一个特点，就是 HTTP 请求中不会包含 hash 相关的内容，所以单页面程序中的页面跳转主要用 hash 来实现。

图 5–2 演示了前端路由的工作原理。

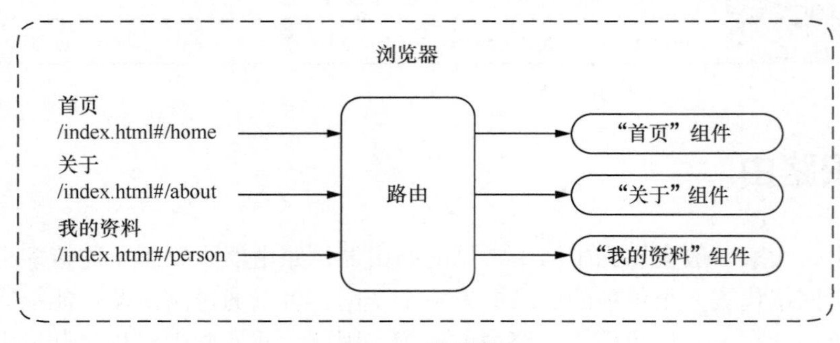

图 5–2 前端路由

在图 5–2 中，index.html 后面的“#/home”是 hash 方式的路由，由前端路由来处理，将 hash 值与页面中的组件对应，当 hash 值为“#/home”时，就显示“首页”组件。

前端路由在访问一个新页面的时候仅仅是变换了一下 hash 值而已，没有和服务端交互，所以不存在网络延迟，提升了用户体验。

5.2 vue-router

vue-router是Vue官方推出的路由管理器，主要用于管理URL，实现URL和组件的对应，以及通过URL进行组件之间的切换，从而使构建单页面应用变得更加简单。本节将针对vue-router进行详细讲解。

5.2.1 vue-router的工作原理

单页面应用（SPA）的核心思想之一，就是更新视图而不重新请求页面，简单来说，它在加载页面时，不会加载整个页面，只会更新某个指定的容器中的内容。对于大多数单页面应用，都推荐使用官方支持的vue-router。

在实现单页面前端路由时，提供了两种方式，分别是hash模式和history模式，根据mode参数来决定采用哪一种方式。

1. hash模式

vue-router默认为hash模式，使用URL的hash来模拟一个完整的URL，当URL改变时，页面不会重新加载。#就是hash符号，中文名为哈希符或者锚点，在hash符号后的值称为hash值。

路由的hash模式是利用了window可以监听onhashchange事件来实现的，也就是说hash值是用来指导浏览器动作的，对服务器没有影响，HTTP请求中也不会包括hash值，同时每一次改变hash值，都会在浏览器的访问历史中增加一个记录，使用“后退”按钮，就可以回到上一个位置。所以，hash模式是根据hash值来发生改变，根据不同的值，渲染指定DOM位置的不同数据。

2. history模式

hash模式的URL中会自带#号，影响URL的美观，而history模式不会出现#号，这种模式充分利用了history.pushState()来完成URL的跳转，而且无须重新加载页面。使用history模式时，需要在路由规则配置中增加mode:'history'，示例代码如下：

```
1  // main.js文件
2  const router = new VueRouter({
3    mode: 'history',
4    routes: [...]
5  })
```

小提示：

HTML 5中history有两个新增的API，分别是history.pushState()和history.replaceState()，它们都接收3个参数，即状态对象（state object）、标题（title）和地址（URL）。下面我们就简单介绍这3个参数的含义。

（1）状态对象（state object）：一个JavaScript对象，与用pushState()方法创建的新历史记录条目关联。

（2）标题（title）：FireFox浏览器目前会忽略该参数。为了安全性考虑，建议传一个空字符串。或者也可以传入一个简短的标题，标明将要进入的状态。

（3）地址（URL）：新的历史记录条目的地址。

5.2.2 vue-router 的基本使用

vue-router 可以实现当用户单击页面中的 A 按钮时，页面显示内容 A；单击 B 按钮时，页面显示内容 B。换言之，用户单击的按钮和页面显示的内容，两者是映射的关系。

学习 vue-router 的基本使用前，需要了解路由中 3 个基本的概念：route、routes、router。具体含义如下。

- route：表示它是一条路由，单数形式。如“A 按钮 => A 内容”表示一条 route，“B 按钮 => B 内容”表示另一条 route。
- routes：表示它是一组路由，把 route 的每一条路由组合起来，形成一个数组，如“[{A 按钮 => A 内容 }, {B 按钮 => B 内容 }]”。
- router：它是一个机制，充当管理路由的管理者角色。因为 routes 只是定义了一组路由，那么当用户单击 A 按钮的时候，需要做什么呢？这时 router 就起作用了，它需要到 routes 中去查找对应的 A 内容，然后在页面中显示出 A 内容。

接下来我们通过一个案例演示 vue-router 的使用，如例 5-1 所示。

【例 5-1】

（1）创建 C:\vue\chapter05 目录，然后登录 Vue 官网，找到 vue-router 下载地址，本书使用的版本是 3.1.1。将 vue-router.js 文件保存到 chapter05 目录中。

（2）创建 C:\vue\chapter05\demo01.html 文件，引入 vue-router.js，具体代码如下：

```
1  <script src="vue.js"></script>
2  <script src="vue-router.js"></script>
```

需要注意的是，在引入 vue-router.js 之前，必须先引入 vue.js，因为 vue-router 需要在全局 Vue 的实例上挂载 vue-router 相关的属性。

（3）在 demo01.html 文件中编写 HTML 代码，具体代码如下：

```
1  <div id="app">
2    <router-link to="/login" tag="span">前往登录</router-link>
3    <router-view></router-view>
4  </div>
```

上述代码中，<router-view> 和 <router-link> 是 vue-router 提供的元素，<router-view> 用来当作占位符使用，将路由规则中匹配到的组件展示到 <router-view> 中。<router-link> 支持用户在具有路由功能的应用中导航，通过 to 属性指定目标地址，默认渲染成带有正确链接的 <a> 标签，此处通过配置 tag 属性生成 <span> 标签。另外，当目标路由成功激活时，链接元素自动设置一个表示激活的 CSS 属性值 router-link-active。

（4）在 demo01.html 文件中编写 JavaScript 代码，具体代码如下：

```
1  // 创建组件
2  var login = {
3    template: '<h1>登录组件</h1>'
4  }
5  var routerObj = new VueRouter({
6    routes: [
7      // 配置路由匹配规则
```

```
8       {path: '/login', component: login}
9     ]
10 })
11 var vm = new Vue({
12   el: '#app',
13   // 将路由规则对象注册到 vm 实例上
14   router: routerObj
15 })
```

上述代码中，当导入 vue-router 包之后，在 window 全局对象中就存在了一个路由的构造函数 VueRouter。第 6 ～ 9 行代码为构造函数 VueRouter 传递了一个配置对象 routes，配置对象必须包含 path 和 component 属性，path 表示监听哪个路由链接地址，component 表示如果路由是前面匹配到的 path，则展示 component 属性对应的组件。

第 14 行代码将路由规则对象注册到 vm 实例上，这样就会在实例中提供 this.$route 属性和 this.$router 方法，可以在任何组件内通过 this.$router 访问路由器，也可以通过 this.$route 访问当前路由，监听 URL 地址变化，展示相应组件。

（5）在浏览器中打开 demo01.html，会看到页面中只有“前往登录”这 4 个字，单击“前往登录”，就会在下方出现“登录组件”，效果如图 5-3 所示。

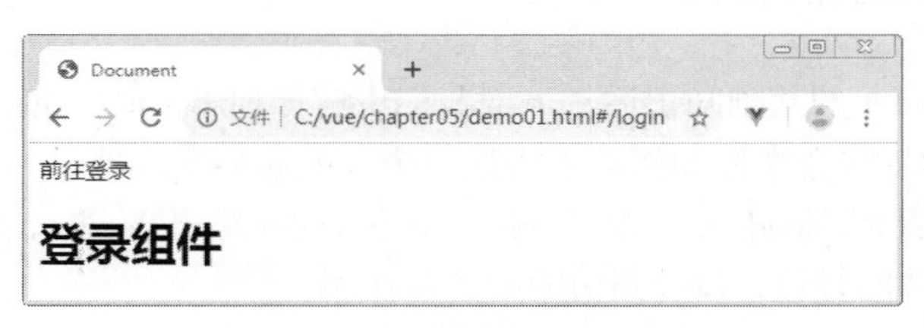

图 5-3　vue-router

从图 5-3 可以看到，当前 URL 地址末尾出现了“#/login”，它就表示当前的路由地址。如果保持当前地址刷新网页，则“登录组件”仍会处于显示的状态。

小提示：

（1）在创建的 routerObj 对象中，如果不配置 mode，就会使用默认的 hash 模式，该模式下会将路径格式化为 # 开头。添加 mode:'history' 之后，将使用 HTML 5 history 模式，该模式下没有 # 前缀。

（2）component 的属性值必须是一个组件的模板对象，不能是组件的引用名称。

5.2.3　路由对象的属性

路由对象（route object）表示当前激活的路由的状态信息，包含了当前 URL 解析得到的信息，还有 URL 匹配到的路由记录。路由对象是不可变的，每次成功地导航后都会产生一个新的对象。

this.$router 表示全局路由器对象，项目中通过 router 路由参数注入路由之后，在任何一个页面都可以通过此属性获取到路由器对象，并调用其 push()、go() 等方法。this.$route 表示当前正在用于跳转的路由对象，可以访问其 name、path、query、params 等属性。

接下来我们详细列举一下路由对象 $route 的常用属性信息，如表 5-1 所示。

表 5-1 $route 常用属性

属性名	类型	说明
$route.path	String	对应当前路由的名字，如 http://localhost/#/user?id=1，则 this.$route.path 值为 /user
$route.query	Object	一个 {key:value} 对象，表示 URL 查询参数。例如，对于路径 /user?id=1，则 this.$route.query 值为 {id:1}，如果没有查询参数，则是个空对象
$route.params	Object	一个 {key:value} 对象，路由跳转携带参数。如 this.$route.push({name:'user',params:{id:'1'}})，此时访问 this.$route.params.id 会输出 1，如果没有路由参数，就是一个空对象
$route.hash	String	在 history 模式下获取当前路由的 hash 值（带 #），如果没有 hash 值，则为空字符串
$route.fullPath	String	完成解析后的 URL，包含查询参数和 hash 的完整路径
$route.name	String	当前路由的名称
$route.matched	Array	路由记录，当前路由下路由声明的所有信息，从父路由（如果有）到当前路由为止
$route.redirectedFrom	String	如果存在重定向，即为重定向来源的路由

5.3 用户登录注册案例

在学习了 vue-router 的基础知识后，下面我们讲解如何将 vue-router 应用到项目开发中。通过本节的学习，读者将会掌握如何动手搭建一个 webpack+Vue 项目，掌握相关 loader 的安装与使用方法，包括 css-loader、style-loader、vue-loader、url-loader、sass-loader 等，熟悉 webpack 的配置、文件的打包，以及路由的配置及使用。

5.3.1 案例分析

登录和注册是项目开发中经常遇到的功能需求，在网页中需要用户登录后才可以使用某些功能，如中国移动 App，在用户登录成功后才可以查看流量和话费余额等信息。下面我们来演示案例完成后的页面效果，登录页面如图 5-4 所示，注册页面如图 5-5 所示。

图 5-4 登录页面

图 5-5 注册页面

本案例的目录结构如下所示：

```
|-index.html                 // 首页入口文件
|-components                 // 存放 vue 组件
    |-Login.vue              // 登录组件
```

```
      |-Register.vue          // 注册组件
  |-lib                       // 存放库文件
  |-App.vue                   // vue 文件，推荐使用首字母大写来命名
  |-main.js                   // 程序逻辑入口文件
  |-router.js                 // 路由文件
  |-package.json              // 工程文件（项目依赖、名称、配置），记录需要的依赖包
  |-webpack.config.js         //webpack 配置文件
```

5.3.2 准备工作

1. 初始化项目

创建 C:\vue\chapter05\login 目录，在命令行中切换到该目录，执行以下命令：

```
npm init -y
```

执行完上述代码，会在 login 目录下自动生成一个 package.json 工程文件（项目依赖、名称、配置），会记录需要的依赖包。选项“-y”表示全部使用默认。另外，读者也可以省略选项“-y”，此时程序会提示输入项目的一些基本信息。

2. 安装 vue 和 vue-router

在 login 目录下执行如下命令，安装 vue 和 vue-router：

```
npm install vue@2.6.x vue-router@3.1.x
```

安装完成之后，会在当前目录下自动生成一个 package-lock.json 文件。

3. 安装 webpack

考虑到项目中需要打包文件，所以需要用到 webpack 打包工具，实现自动打包编译功能。为了更方便地使用 webpack，还需要安装 webpack-cli 工具、webpack-dev-server 服务器和 html-webpack-plugin 插件。具体安装命令如下：

```
npm install webpack@4.39.x webpack-cli@3.3.x webpack-dev-server@3.8.x
html-webpack-plugin@3.2.x -D
```

在上述命令中，-D 表示安装到本地开发依赖，也可以使用 --save-dev 来代替。

接下来我们来修改 package.json 文件，在 scripts 中添加 dev，使用 webpack-dev-server 来启动项目，具体代码如下：

```
1  "scripts": {
2    …（原有代码）
3    "dev": "webpack-dev-server --inline --hot --port 8088"
4  },
```

添加上述代码后，当需要运行项目时，可以执行 npm run dev 命令。

4. 编写 webpack.config.js 文件

创建 webpack.config.js 文件，在文件中配置 webpack 的选项，设置入口文件、出口文件以及一些规则配置，具体代码如下：

```
1  const htmlWebpackPlugin = require('html-webpack-plugin')
2  module.exports = {
3    entry: './main.js',            // 配置入口文件
4    output: {                      // 配置输出文件
5      path: __dirname,             // 输出文件的路径，此处设为当前路径
6      filename: 'bundle.js',       // 指定输出的文件名称
7    },
```

```
8    resolve: {                           // 其他的配置选项
9      alias: {
10       'vue': 'vue/dist/vue.js'         // vue.js 文件路径配置
11     }
12   },
13   module: {
14     rules: []                          // 模块规则
15   },
16   plugins: [                           // 插件
17     new htmlWebpackPlugin({
18       template: 'index.html'           // 为 index.html 自动引入打包好的 bundle.js
19     }),
20   ]
21 }
```

5. 安装 vue-loader 和 vue-template-compiler

vue-loader 作用是解析和转换 vue 文件，提取出其中的 script、style、HTML、template，然后分别把它们交给各自相对应的 loader 去处理。vue-template-compiler 的作用是把 vue-loader 提取出的 HTML 模板编译成对应的可执行的 JavaScript 代码。

安装 vue-loader 和 vue-template-compiler，具体命令如下：

```
npm install vue-loader@15.7.x vue-template-compiler@2.6.x -D
```

安装后，将 vue-loader 插件添加到 webpack.config.js 文件中，示例代码如下：

```
1 const VueLoaderPlugin = require('vue-loader/lib/plugin')
2 module.exports = {
3   …
4   plugins: [
5     …
6     new VueLoaderPlugin()
7   ]
8 }
```

然后在 module.exports 中找到 module，在 rules 数组中配置 loader 加载依赖：

```
1 module: {
2   rules: [
3     {
4       test: /\.vue$/,
5       use: 'vue-loader'
6     },
7     // 在此处可以添加更多 rules
8   ]
9 },
```

6. 安装 css-loader 和 style-loader

css-loader 和 style-loader 用来处理样式文件。css-loader 用于加载由 vue-loader 提取出的 CSS 文件，再用 style-loader 添加到页面中。具体安装命令如下：

```
npm install css-loader@3.2.x style-loader@1.0.x -D
```

安装后，在 webpack.config.js 文件中添加 rules 规则，具体代码如下：

```
1 {
2   test: /\.css$/,
```

```
3    use: ['style-loader', 'css-loader']
4  },
```

7. 安装 CSS 预处理器

通过 CSS 预处理器可以使用专门的编程语言来编写页面的样式，然后编译成正常的 CSS 文件，供项目使用。CSS 预处理器为 CSS 增加了一些编程的特性，用户无须考虑浏览器的兼容性问题，可以使 CSS 更加简洁、更具有适用性和可读性、更易于代码的维护。

Vue 中常用的 CSS 预处理器包括 Less、Sass/SCSS 和 Stylus，下面我们分别讲解如何进行安装。需要注意的是，在本项目中只用到了 Sass/SCSS，必须进行安装，而另外两个 CSS 预处理器读者可根据自己的需要来决定是否安装。

（1）安装 Less，具体命令如下：

```
npm install less less-loader -D
```

然后在 webpack.config.js 文件中添加 rules 规则，具体代码如下：

```
1  {
2    test: /\.less$/,
3    use: ['style-loader', 'css-loader', 'less-loader']
4  },
```

安装后，在页面中使用 Less 的地方给 <style> 添加 lang 属性即可，示例代码如下：

```
<style lang="less"></style>
```

（2）安装 Sass/SCSS，具体命令如下：

```
npm install sass-loader@7.2.x node-sass@4.12.x -D
```

然后在 webpack.config.js 文件中添加 rules 规则，具体代码如下：

```
1  {
2    test: /\.scss$/,
3    use: ['style-loader', 'css-loader', 'sass-loader']
4  }
```

安装后，在页面中使用 SCSS 的地方给 <style> 添加 lang 属性即可，示例代码如下：

```
<style lang="scss"></style>
```

（3）安装 Stylus。Stylus 来源于 Node.js 社区，与 JavaScript 关系比较密切。与 Less 和 Sass/SCSS 不同的是，Stylus 安装完成之后，在 Vue 2.x 中不需要配置就可以直接使用。具体安装命令如下：

```
npm install stylus stylus-loader -D
```

安装后，在页面中使用 Stylus 的地方给 <style> 添加 lang 属性即可，示例代码如下：

```
<style lang="stylus"></style>
```

8. 安装 MUI

MUI 是由 DCloud（数字天堂）推出的一款接近原生 App 体验的高性能前端框架，在本项目中主要用来快速搭建登录和注册页面。读者需要从官方网站下载 MUI，本书使用的版本是 mui-3.7.1.zip。下载后，将文件解压出来，然后把 dist 目录下的所有文件复制到项目的 lib\mui 目录中。

将 MUI 安装后，可以在 main.js 文件中使用如下代码引入：

```
import './lib/mui/css/mui.css'
```

9. 图片和字体文件处理

考虑到项目中使用了外部的 MUI 样式库，其中包含后缀名为 ttf 的文件，webpack 无法处理该类文件，所以需要安装相应的 loader 去处理。

file-loader 和 url-loader 都可以在 webpack 中处理图片、字体图标等文件，后者可以将图片转为 base64 字符串，能更快地去加载图片，并且可以通过 limit 属性对图片分情况处理，当图片小于 limit(单位 byte)大小时转为 base64，大于 limit 时调用 file-loader 对图片进行处理。

安装 file-loader 和 url-loader，具体命令如下：

```
npm install url-loader@2.1.x file-loader@4.2.x -D
```

安装后，在 webpack.config.js 文件中添加 rules 规则，具体代码如下：

```
1 {
2   test: /\.(jpg|png|gif|bmp|jpeg)$/,
3   use: 'url-loader'
4 },
5 {
6   test: /\.(ttf|eot|svg|woff|woff2)$/,
7   use: 'url-loader'
8 },
```

5.3.3 代码实现

1. 编写首页

创建 index.html 文件，该文件是首页，用来展示页面，具体代码如下：

```
1 <body>
2   <div id="app"></div>
3 </body>
```

2. 编写逻辑入口

创建 main.js 文件，该文件是逻辑入口，主要用来初始化 Vue 实例并加载需要的插件及各种公共组件，如 vue-router、mui、App.vue 等。具体代码如下：

```
1 import Vue from 'vue'
2 import app from './App.vue'
3 import VueRouter from 'vue-router'
4 Vue.use(VueRouter)
5 import router from './router.js'  // 将路由放到单独的文件中
6 import './lib/mui/css/mui.css'
7 new Vue({
8   el: '#app',
9   render: c => c(app),
10  router
11 })
```

上述代码中，第 1 行引入 vue.js(在前面的步骤中已经在 webpack.config.js 文件中配置了路径)；第 2 行引入 App.vue 组件，该组件将在后面实现；第 3 行导入 vue-router.js 路由包；第 4 行安装 vue-router 路由模块；第 5 行导入外部 router.js 文件，并在第 10 行中挂载到 Vue 实例上；第 7 ～ 11 行初始化 Vue 实例，第 8 行将 el 挂载到 index.html 文件的 <div id="app">，第 9 行使用 render 函数渲染 App.vue 组件，第 10 行将 router.js 文件中导出的 router 对象注册到 Vue 实例上，用来监听 URL 地址的变化，然后展示对应的组件。

3. 编写路由文件

创建 router.js 文件，该文件是一个单独的路由文件。在后面的步骤中将会创建 Login.vue（登录）和 Register.vue（注册）两个组件，所以需要在路由文件中导入这两个组件，并配置相应的路由规则。具体代码如下：

```
1  import VueRouter from 'vue-router'
2  // 导入登录和注册对应的路由组件
3  import Login from './components/Login.vue'
4  import Register from './components/Register.vue'
5  var router = new VueRouter({   // 创建路由对象
6    routes: [                    // 配置路由规则
7      { path: '/', redirect: '/login' },
8      { path: '/login', component: Login },
9      { path: '/register', component: Register }
10   ]
11 })
12 export default router
```

上述代码中，第 5 行创建路由对象 router，用于定义路由；第 6 行代码为 router 设置匹配对象 routes，用来配置多个路由组件；第 7 ～ 9 行给 Login 和 Register 组件分别设置 path 路由链接和对应的组件，其中第 7 行用来将首页重定向到 Login 组件。

4. 渲染路由组件

创建 App.vue 文件，该文件是项目的根组件（或者叫作主组件），所有页面都是在 App.vue 下进行切换的。例如，可以定义公共的样式或者动画等。具体代码如下：

```
1  <template>
2    <div id="app">
3      <div class="login-container">
4        <router-link to="/login" tag="span">登录</router-link>
5        <router-link to="/register" tag="span">注册</router-link>
6      </div>
7      <router-view></router-view>
8    </div>
9  </template>
10
11 <style lang="scss" scoped>
12   .login-container {
13     display: flex;
14     justify-content: center;
15     padding-top: 10px;
16     span {
17       padding: 5px 20px;
18       border-radius: 5px;
19       font-size: 16px;
20     }
21   }
22 </style>
```

上述代码中，第 7 行用于放置路由匹配成功的组件，在 <router-view> 中渲染；第 11 行在 <style> 标签上设置了 scoped 属性，表示 CSS 样式只能作用于当前的组件。

5. 编写登录页面

创建 components\Login.vue 文件，该文件是登录页面，在页面中提供一个用户登录的表单。具体代码如下：

```
1  <template>
2    <div class="login">
3      <div class="content">
4        <form class="mui-input-group login-form">
5          <div class="mui-input-row">
6            <label>账号</label>
7            <input type="text" class="mui-input-clear mui-input"
8             placeholder="请输入账号">
9          </div>
10         <div class="mui-input-row">
11           <label>密码</label>
12           <input type="password" class="mui-input-clear mui-input"
13            placeholder="请输入密码">
14         </div>
15       </form>
16       <div class="mui-content-padded">
17         <button type="button" class="mui-btn mui-btn-block
18          mui-btn-primary">登录</button>
19       </div>
20     </div>
21   </div>
22 </template>
23
24 <script>
25 export default {
26   data () {
27     return {}
28   }
29 }
30 </script>
31
32 <style scoped>
33   .login-form { margin: 30px 0; background-color: transparent; }
34   .mui-input-group .mui-input-row {margin-bottom:10px;background:#fff;}
35   .mui-btn-block { padding: 10px 0; }
36 </style>
```

从上述代码可以看出，一个单独的组件文件通常应包含 <template> 模板、<script> 逻辑以及 <style> 样式 3 部分代码。其中，<script> 和 <style> 可以省略，但 <template> 不要省略，否则 Vue 会出现警告。

6. 编写注册页面

创建 components\Register.vue 文件，该文件是注册页面，在页面中提供一个用户注册的表单。具体代码如下：

```
1  <template>
2    <div class="register">
3      <div class="content">
```

```
4         <form class="mui-input-group login-form">
5           <div class="mui-input-row">
6             <label>账号</label>
7             <input type="text" class="mui-input-clear mui-input"
8              placeholder="请输入账号">
9           </div>
10          <div class="mui-input-row">
11            <label>密码</label>
12            <input type="password" class="mui-input-clear mui-input"
13             placeholder="请输入密码">
14          </div>
15          <div class="mui-input-row">
16            <label>密码确认</label>
17            <input type="password" class="mui-input-clear mui-input"
18             placeholder="请确认密码">
19          </div>
20          <div class="mui-input-row">
21            <label>邮箱</label>
22            <input type="password" class="mui-input-clear mui-input"
23             placeholder="请输入邮箱">
24          </div>
25        </form>
26        <div class="mui-content-padded">
27          <button type="button" class="mui-btn mui-btn-block
28           mui-btn-primary">注册</button>
29        </div>
30      </div>
31    </div>
32 </template>
33
34 <script>
35 export default {
36   data () {
37     return {}
38   }
39 }
40 </script>
41
42 <style scoped>
43   .register-form { margin: 30px 0; background-color: transparent; }
44   .mui-input-group .mui-input-row{margin-bottom:10px;background:#fff;}
45   .mui-btn-block { padding: 10px 0; }
46 </style>
```

7. 运行项目

在命令行中切换到项目根目录下，执行如下命令运行程序。

```
npm run dev
```

上述命令执行后，会自动进行编译和打包，并使用 webpack-dev-server 把打包好的文件以虚拟的形式托管到了项目根目录中。

当控制台中出现 Compiled successfully 时表示编译完成，项目已经启动了，然后在浏览器中打开 http://localhost:8088，页面效果如图 5-6 所示。

8．设置导航栏的高亮效果

在图 5-6 所示的页面中，单击顶部的“登录”和“注册”可以在两个页面之间切换，但由于此时还没有设置样式，导航栏并没有高亮效果。默认情况下，路由的导航菜单会自动添加 router-link-exact-active 和 router-link-active 这两个 class 属性，如图 5-7 所示。

图 5-6　运行项目

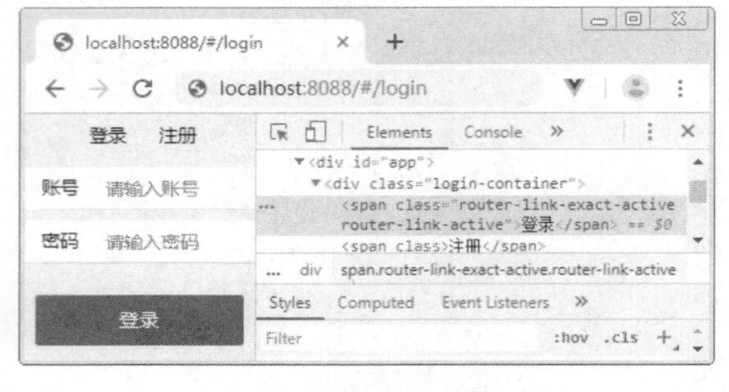

图 5-7　查看 class 属性

router-link-exact-active 和 router-link-active 两者的区别在于，前者是精确匹配规则，只有完全匹配的情况下有效，而后者是非精确匹配规则，只要定义在 path 中的路径与当前路径的开头一致就有效，如“/login”和“/login?name=a”。由此可见，在 Vue 中为导航栏添加样式非常方便，只要在 App.vue 文件中将这两个 class 对应的样式定义出来就可以了。

另外，router-link-exact-active 和 router-link-active 这两个 class 类名也可以自定义。下面我们在 router.js 文件中找到创建路由实例代码，添加自定义 class，具体代码如下：

```
1  var router = new VueRouter({
2    linkActiveClass: 'my-active',              // router-link-active
3    linkExactActiveClass: 'my-exact-active',   // router-link-exact-active
4    …（原有代码）
5  })
```

然后在 App.vue 中添加导航栏高亮效果的样式，具体代码如下：

```
1  <style lang="scss" scoped>
2    .my-active, .my-exact-active {
3      background: #007aff;
4      font-weight: 800;
5      color: #fff;
6    }
7    …（原有代码）
8  </script>
```

在浏览器中查看运行结果，如图 5-8 所示。

图 5-8　导航栏激活效果

9．使用路由的 history 模式

路由的 history 模式可以使项目的 URL 地址更加简洁。若要使用 history 模式，需要先修改 router.js 文件，具体代码如下：

```
1  var router = new VueRouter({
2    mode: 'history',  // 使用history模式
3    …（原有代码）
4  }
```

history 模式还需要服务器的支持，打开 webpack.config.js 文件，在 module.exports 对象中添加 devServer 的配置，具体代码如下：

```
1  devServer: {
2    historyApiFallback: true  // 开启服务器对history模式支持
3  },
```

当开启 history 模式后，重新执行 npm run dev，就可以使用 http://localhost:8088/login 来访问登录页面，使用 http://localhost:8088/register 来访问注册页面。

10. 更改页面标题

当页面切换后，网页的标题也应随之发生变化，为了实现这个效果，可以在路由中将每个页面对应的标题保存在 meta 中。修改 router.js 文件，如下所示：

```
1  routes: [
2    { path: '/', redirect: '/login' },
3    { path: '/login', component: Login, meta: { title: '登录' } },
4    { path: '/register', component: Register, meta: { title: '注册' } }
5  ]
```

然后需要调用 router.beforeEach() 全局钩子函数，用来在路由发生改变时动态修改网页的 title 标题，它会在路由改变前执行。具体代码如下：

```
1  router.beforeEach((to, from, next) => {
2    // 路由发生改变修改页面title
3    if (to.meta.title) {
4      document.title = to.meta.title
5    }
6    next()
7  })
```

在上述代码中，第 1 行接收的参数 to 表示目标路由对象，from 表示来源路由对象，next() 用来执行下一个操作，直接调用表示进行管道中的下一个钩子函数，也可以通过传入一个 path 路径参数来改变跳转的地址，或者传入 false 中断当前导航。

通过浏览器访问测试，当页面切换后，观察网页标题是否随之改变。

5.4 动态路由

5.4.1 什么是动态路由

上面讲到的路由，都是严格匹配的，只有 router-link 中的 to 属性和 JavaScript 中定义的路由中的 path 一样时，才会显示对应的 component。但在实际开发时，这种方式是明显不足的，例如，当用户去访问网站并登录成功之后，在页面中会显示“欢迎您 + 用户名”，不同

的登录用户，只有“用户名”部分不同，其他部分是一样的，这就相当于是一个组件，这里假设为是 User 用户组件。此时，不同的用户（使用 id 来区分）都会导航到同一个 User 组件，这种情况下在配置路由的时候，需要把用户 id 作为参数传入，这就需要利用动态路由来实现。在 vue-router 的路由路径中，可以使用动态路径参数（dynamic segment）给路径的动态部分匹配不同的 id，示例代码如下：

```
{ path: "/user/:id", component: user }
```

在上述代码中，“:id”表示用户 id，它是一个动态的值。

需要注意的是，动态路由在来回切换时，由于它们都是指向同一组件，Vue 不会销毁再重新创建这个组件，而是复用这个组件。也就是说，当用户第一次单击（如 user1）的时候，Vue 把对应的组件渲染出来，然后在 user1、user2 来回切换的时候，这个组件不会发生变化，组件的生命周期不能用了，如果想要在组件来回切换时进行一些操作，那就需要在组件内部利用 watch 来监听 $route 的变化，示例代码如下：

```
1 watch: {
2   $route (to, from) {
3     console.log(to)        // 在控制台输出 to 对象
4     console.log(from)      // 在控制台输出 from 对象
5   }
6 }
```

上述代码利用 watch 来监听 $route 的变化，to 和 from 是两个对象，to 表示要去的那个组件，from 表示从哪个组件过来的。

5.4.2 query 方式传参

在理解了动态路由的概念后，接下来我们结合案例学习如何使用 query 方式传递参数。通过 query 方式传递参数，使用 path 属性给定对应的跳转路径（类似于 GET 请求），在页面跳转的时候，可以在地址栏看到请求参数。具体如例 5-2 所示。

【例 5-2】

（1）创建 C:\vue\chapter05\demo02.html 文件，具体代码如下：

```
1 <div id="app">
2   <router-link to="/user?id=10&name=admin">登录</router-link>
3   <router-view></router-view>
4 </div>
```

上述代码中，第 2 行使用 router-link 的 to 属性指定目标地址 user 组件，并使用查询字符串的形式把两个参数 id 和 name 传递过去。在路由中使用查询字符串给路由传递参数时不需要修改路由规则的 path 属性。

（2）在 demo02.html 文件中编写 JavaScript 代码，具体代码如下：

```
1 // 定义 user 组件
2 var user = {
3   template: '<h3>id: {{this.$route.query.id}} ' +
4    'name: {{$route.query.name}}</h3>',
5   created () {                    // 组件的生命周期钩子函数
6     console.log(this.$route)      // 用 this.$route 来接收参数
7   }
8 }
```

```
9  var router = new VueRouter({
10   routes: [
11     { path: '/user', component: user }
12   ]
13 })
14 var vm = new Vue({ el: '#app', router })
```

上述代码中，第 6 行在组件的 created 生命周期钩子函数中输出 this.$route。第 14 行代码中的 router，表示将在第 9 行定义的路由规则对象 router 注册到 vm 实例上，其完整写法是 router:router。

（3）在浏览器中打开 demo02.html，单击"登录"链接，效果如图 5-9 所示。

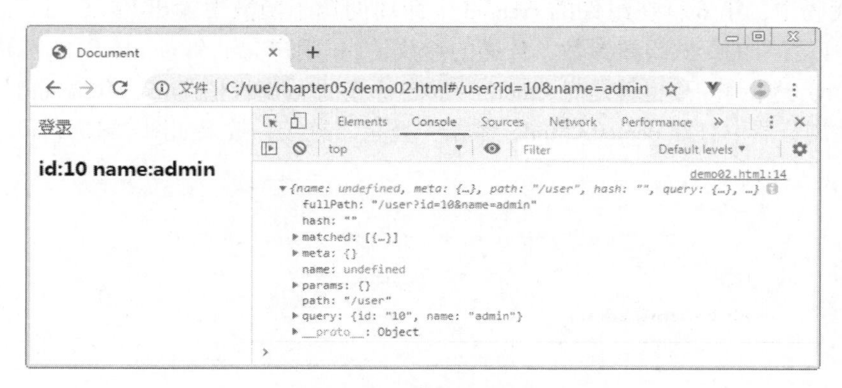

图 5-9　query 方式传参

从图 5-9 可以看出，参数值存放在 query 对象中，所以在模板中可以使用插值表达式 {{this.$route.query.id}} 输出 id 的值，{{this.$route.query.name}} 输出 name 的值，在 user 组件上渲染数据。另外，这里的插值表达式中的"this."可以省略，因为都是指向的同一个 user 组件对象。

5.4.3　params 方式传参

在例 5-2 中，使用 query 方式传参，参数会以查询字符串的形式显示在浏览器地址栏中。使用 params 方式则不需要通过查询字符串传参，通常会搭配路由的 history 模式，将参数放在路径中或隐藏。下面我们通过例 5-3 讲解如何实现 params 方式传参。

【例 5-3】

（1）创建 C:\vue\chapter05\demo03.html 文件，具体代码如下：

```
1  <div id="app">
2    <router-link to="/user/10/admin">登录</router-link>
3    <router-view></router-view>
4  </div>
```

在上述代码中，第 2 行使用 router-link 的 to 属性指定目标地址 user 组件，直接把两个参数值 10 和 admin 传递过去。

（2）在 demo03.html 文件中编写 JavaScript 代码，具体代码如下：

```
1  // 定义 user 组件
2  var user = {
3    template: '<h3>id: {{$route.params.id}} ' +
```

```
4     'name: {{$route.params.name}}</h3>',
5   created () {                    // 组件的生命周期钩子函数
6     console.log(this.$route)     // 用 this.$route 来接收参数
7   }
8 }
9 var router = new VueRouter({
10  routes: [
11    { path: '/user/:id/:name', component: user }
12  ]
13 })
14 var vm = new Vue({ el: '#app', router })
```

上述代码中，第 6 行在组件的 created 生命周期钩子函数中输出 this.$route；第 11 行在 path 路径中以冒号的形式设置参数，传递的参数是 id（用户 id）和 name（用户名），这两个参数需要对 URL 进行解析，也就是对 <router-link> 标签的 to 属性值“/user/10/admin”进行解析。

（3）在浏览器中打开 demo03.html，单击“登录”链接，效果如图 5-10 所示。

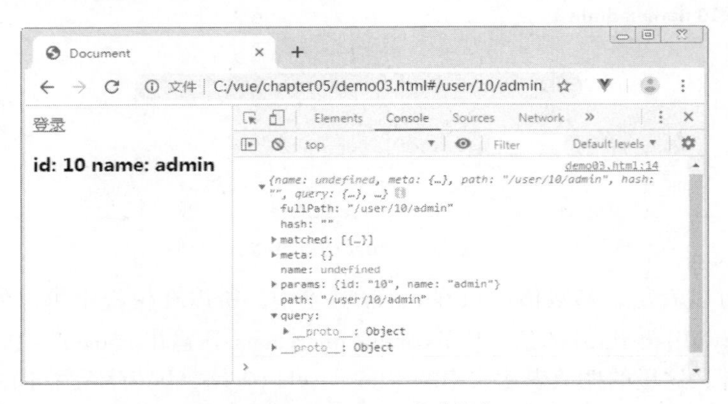

图 5-10　params 方式传参

从图 5-10 可以看出，参数值存放在 params 对象中，所以在模板中可以使用插值表达式 {{$route.params.id}} 输出 id 的值，{{$route.params.name}} 输出 name 的值，在 user 组件上渲染数据。这里的插值表达式中省略了“this.”。

小提示：

在路由中开启 history 模式后，params 方式的 URL 地址会更加简洁（不会出现 #），但此功能必须搭配服务器使用，并且要在服务器中添加 history 模式的支持（在 5.3 节中已经讲过），否则会出现找不到文件的错误。

5.5 嵌套路由

5.5.1 什么是嵌套路由

是否是嵌套路由主要是由页面结构来决定的，实际项目中的应用界面，通常由多层嵌套的组件组合而成。简而言之，嵌套路由就是在路由里面嵌套它的子路由。

嵌套子路由的关键属性是 children，children 也是一组路由，相当于前面讲到的 routes，children 可以像 routes 一样地去配置路由数组。每一个子路由里面可以嵌套多个组件。子组件又有路由导航和路由容器，示例代码如下：

```
<router-link to="/ 父路由的地址 / 要去的子路由 "></router-link>
```

当使用 children 属性实现子路由时，子路由的 path 属性前不要带“/”，否则会永远以根路径开始请求，这样不方便用户去理解 URL 地址。

下面我们通过代码演示一个简单的嵌套路由的配置，具体代码如下：

```
1  var router = new VueRouter({
2    routes: [
3      {
4        path: '/home',
5        component: home,
6        children: [
7          { path: 'login', component: login },
8          { path: 'register', component: register }
9        ]
10     }
11   ]
12 })
```

在上述代码中，第 3 ～ 10 行配置的是外层路由，第 6 ～ 9 行配置的是子路由。

5.5.2　嵌套路由案例

1. 案例分析

学习了嵌套路由的基本概念后，下面我们通过一个案例来理解路由嵌套的应用。案例完成后的效果如图 5-11 所示。

图 5-11　关于公司

在图 5-11 中，页面打开后会自动重定向到 about 组件，即“关于公司”页面，在该页面下有两个子页面，分别是“公司简介”和“公司治理”。

单击“公司简介”链接，URL 跳转到 about/detail 组件，如图 5-12 所示。

图 5-12　公司简介

单击“公司治理”链接，URL 跳转到 about/governance 组件，如图 5-13 所示。

2. 代码实现

嵌套路由案例的具体开发步骤如例 5-4 所示。

图 5-13　公司治理

【例 5-4】

（1）创建 C:\vue\chapter05\demo04.html 文件，编写 HTML 代码，使用 <router- link> 标签增加两个导航链接，具体代码如下：

```
1  <div id="app">
2    <ul>
3      <router-link to="/about" tag="li"> 关于公司 </router-link>
4      <router-link to="/contact" tag="li"> 联系我们 </router-link>
5    </ul>
6    <router-view></router-view>
7  </div>
```

在上述代码中，第 3 ～ 4 行使用 <router-link> 的 to 属性添加 about 和 contact 链接；第 6 行使用 <router-view> 标签给子模板提供插入位置。

（2）在 app 根容器外定义子组件模板，具体代码如下：

```
1  <template id="about-tmp">
2    <div class="about-detail">
3      <h1> 北京 × × 科技有限公司简介 </h1>
4      <router-link to="/about/detail"> 公司简介 </router-link> |
5      <router-link to="/about/governance"> 公司治理 </router-link>
6      <router-view></router-view>
7    </div>
8  </template>
9  <template id="contact-tmp">
10   <div class="about-detail">
11     <h1> 联系我们 </h1>
12     <p> 公司位于北京市海淀区中关村科技园内，主营业务包括餐饮娱乐、服装设计等 </p>
13   </div>
14 </template>
```

在上述代码中，第 1 ～ 8 行定义 id 为 about-tmp 的模板组件，并指定唯一的根元素 div 渲染 about 组件模板的内容，其中，第 4 行、第 5 行是 about 组件的两个子路由；第 9 ～ 14 行定义 id 为 contact-tmp 的模板组件，渲染 contact 组件模板的内容。

（3）创建组件模板对象，具体代码如下：

```
1  <script>
2  // 组件的模板对象
3  var about = { template: '#about-tmp' }
4  var contact = { template: '#contact-tmp' }
5  // 子路由的组件模板对象
6  var detail = {
7    template: '<p>xx 是全球领先 ... ...</p>'
8  }
9  var governance = {
```

```
10   template: '<p>公司坚持以客户为中心、以奋斗者为本 ... ...</p>'
11 }
12 </script>
```

上述代码中，第 3 行创建 about 组件的模板对象，并给 template 指定一个 id；第 4 行创建 contact 组件的模板对象，并给 template 指定一个 id。

（4）创建路由对象 router，配置路由匹配规则，具体代码如下：

```
1  var router = new VueRouter({
2    routes: [
3      { path: '/', redirect: '/about' }, // 路由重定向
4      {
5        path: '/about',
6        component: about,
7        children: [
8          { path: 'detail', component: detail },
9          { path: 'governance', component: governance}
10       ]
11     },
12     { path: '/contact', component: contact }
13   ]
14 })
```

在上述代码中，第 7 ～ 10 行使用 children 属性给 about 父组件定义了两个子路由，分别是 detail 和 governance。

（5）挂载路由实例，具体代码如下：

```
1  var vm = new Vue({
2    el: '#app',
3    router  // 挂载路由
4  })
```

（6）在 <style> 标签内编写样式代码，具体代码如下：

```
1  ul, li, h1 { padding: 0; margin: 0; list-style: none }
2  #app { width: 100%; display: flex; flex-direction: row; }
3  ul { width: 200px; flex-direction:column; color:#fff; }
4  li { flex: 1; background: #000; margin:5px auto;
5       text-align: center; line-height: 30px; }
6  .about-detail { flex:1; margin-left: 30px; }
7  .about-detail h1{ font-size: 24px; color: blue; }
```

（7）在浏览器中打开 demo04.html，运行结果与图 5-11 相同。

5.6　命名路由

5.6.1　什么是命名路由

在使用路由的时候，一般会在 router 对象中配置路由的 path 属性，在页面中使用 <router-link> 标签的 to 属性去跳转目标 URL。例如，<router-link to="/user"></router-link>，这里的"/user"是在全局配置对象中配置的 path 值，这种显式引用的路径一旦改变，所有引

用的地方都需要进行相应的修改，增加了开发的工作量。

为此，vue-router 提供了一种隐式的引用路径，即命名路由，可以在创建 Router 实例的时候，在 routes 中给某个路由设置名称 name 值。通过一个名称来标识一个路由显得更方便一些，特别是在链接一个路由，或者是执行一些跳转的时候，通过路由的名称取代路径地址直接使用。像这种命名路由的方式，无论 path 多长、多烦琐，都能直接通过 name 来引用，十分方便。

5.6.2 命名路由案例

下面我们通过一个案例来讲解命名路由的使用，如例 5-5 所示。

【例 5-5】

（1）创建 C:\vue\chapter05\demo05.html 文件，具体代码如下：

```
1  <div id="app">
2    <router-link :to="{name:'user',params:{id:123}}">登录</router-link>
3    <router-view></router-view>
4  </div>
```

上述代码中，第 2 行使用 v-bind 指令，绑定 <router-link> 标签的 to 属性。当使用对象作为路由的时候，to 前面要加一个冒号，表示绑定。在 to 属性中，name 表示组件名称，params 用来传递 id 值。

（2）在 demo05.html 文件中编写 JavaScript 代码，具体代码如下：

```
1  // 创建user组件
2  var user = {
3    template: '<h3>我是user组件</h3>',
4    created () {
5      console.log(this.$route)
6    }
7  }
8  // 创建路由对象
9  var router = new VueRouter({
10   routes: [{
11     path: '/user/:id',
12     name: 'user',
13     component: user
14   }]
15 })
16 var vm = new Vue({  el: '#app', router })
```

在上述代码中，第 9 ～ 15 行用来创建路由对象 router，并在 routes 中配置路由匹配规则，在第 11 行代码的 path 属性中，使用冒号（:id）的形式匹配参数，该参数表示用户的 id，对应页面中的“params:{id:123}”，id 值为 123；第 12 行为路由进行命名，对应页面中的“name:'user'”。

第 5 行在组件的 created() 钩子函数中输出 this.$route 的结果，当单击“登录”时，就会跳转到指定的路由地址，如图 5-14 所示。

从图 5-14 可以看出，路由的 name 名称为 user，params 对象存放了 {id:123}，path 存放了路由跳转的路径“/user/123”。

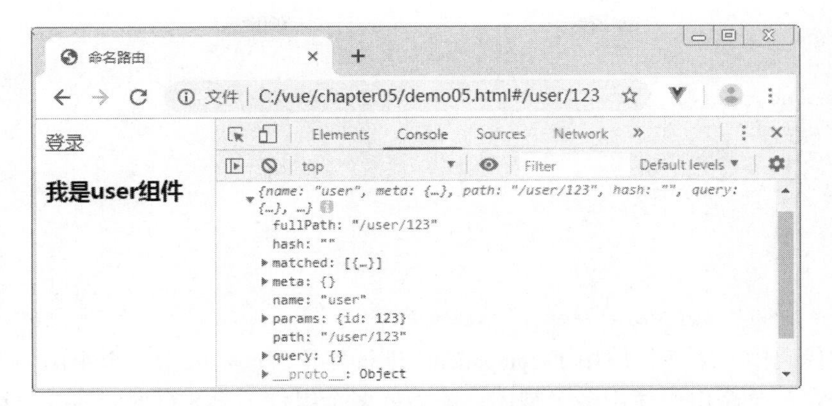

图 5-14　this.$route 输出结果

5.7 命名视图

5.7.1 什么是命名视图

在开发中，有时候想同时或同级展示多个视图，而不是嵌套展示，则可以在页面中定义多个单独命名的视图。例如，创建一个布局，有 header（头部区域）、sidebar（侧导航区域）和 mainBox（主体区域）3 个视图，这时候就可以使用命名视图来实现。

使用 <router-view> 可以为视图进行命名，它主要用来负责路由跳转后组件的展示。在 <router-view> 上定义 name 属性表示视图的名字，然后就可以根据不同的 name 值展示不同的页面，如 left、main 等。如果 <router-view> 没有设置名字，那么默认为 default。

5.7.2 命名视图案例

下面我们通过一个案例来讲解命名视图的使用，如例 5-6 所示。

【例 5-6】

（1）创建 C:\vue\chapter05\demo06.html 文件，具体代码如下：

```
1  <div id="app">
2    <router-view></router-view>
3    <div class="container">
4      <router-view name="left"></router-view>
5      <router-view name="main"></router-view>
6    </div>
7  </div>
```

上述代码中，第 2 行的 <router-view> 没有设置 name 名字，表示默认渲染 default 对应的组件；第 4 行和第 5 行分别设置了 name 值为 left 和 main，表示渲染其对应的组件。

（2）在 demo06.html 文件中编写 JavaScript 代码，具体代码如下：

```
1  var header = { template: '<h1 class="header">header 头部区域 </h1>' }
2  var sidebar = { template: '<h1 class="sidebar">sidebar 侧导航区域 </h1>' }
3  var mainBox = { template: '<h1 class="main">mainBox 主体区域 </h1>' }
4  var router = new VueRouter({
```

```
5    routes: [{
6      path: '/',
7      components: {
8        'default': header,
9        'left': sidebar,
10       'main': mainBox
11     }
12   }]
13 })
14 var vm = new Vue({ el: '#app', router })
```

在上述代码中，第 7 行使用了 components 进行配置，这是因为一个视图使用一个组件渲染，如果在一个路由中使用多个视图，就需要多个组件；第 8 行设置 header 组件对应的 name 值为 default，第 9 行设置 sidebar 组件对应的 name 值为 left，第 10 行设置 mainBox 组件对应的 name 值为 main。

（3）在 demo06.html 文件中编写 CSS 代码，具体代码如下：

```
1 html, body { margin: 0; padding: 0; }
2 h1 { margin: 0; padding: 0; font-size: 16px; }
3 .header { background-color: lightblue; height: 80px; }
4 .container { display: flex; height: 600px; }
5 .sidebar { background-color: lightgreen; flex: 2; }
6 .main { background-color: lightpink; flex: 8; }
```

（4）在浏览器中打开 demo06.html，运行结果如图 5-15 所示。

图 5-15　命名视图页面布局

5.8 编程式导航

在前面的开发中，当进行页面切换时，都是通过 <router-link> 来实现的，这种方式属于声明式导航。为了更方便地在项目中开发导航功能，Vue 提供了编程式导航，也就是利用 JavaScript 代码来实现地址的跳转，通过 router 实例方法来实现。下面我们就来进行详细讲解。

5.8.1 router.push()

使用 router.push() 方法可以导航到不同的 URL 地址。这个方法会向 history 栈添加一条新的记录，当用户单击浏览器后退按钮时，可以回到之前的 URL。

在单击 <router-link> 时，router.push() 方法会在内部调用，也就是说，单击"<route-link :to="…">"等同于调用 router.push(…) 方法。

router.push() 方法的参数可以是一个字符串路径，或者是一个描述路径的对象，示例代码如下：

```
// 先获取 router 实例
var router = new VueRouter()
// 字符串形式
router.push('user')
// 对象形式
router.push({ path: '/login?url=' + this.$route.path })
// 命名路由
router.push({ name: 'user', params: { userId: 123 }})
// 带查询参数 /user?id=1
router.push({ path: 'user', query: { id: '1' }})
```

在参数对象中，如果提供了 path，params 会被忽略，为了传参数，需要提供路由的 name 或者手写带有参数的 path，示例代码如下：

```
const userId = '123'
router.push({ name: 'user', params: { userId }})        // /user/123
router.push({ path: '/user/${userId}' })                // /user/123
// 这里的 params 不生效
router.push({ path: '/user', params: { userId }})       // /user
```

为了使读者更好地掌握 router.push() 的使用，下面我们将分别针对 query 传参和 params 传参这两种应用场景进行案例讲解。

1. query 传参

query 方式传参的参数会在地址栏展示。下面我们通过例 5-7 进行演示。

【例 5-7】

（1）创建 C:\vue\chapter05\demo07.html 文件，具体代码如下：

```
1  <div id="app">
2    <button @click="goStart">跳转</button>
3    <router-view></router-view>
4  </div>
```

上述代码中，第 2 行给 button 按钮绑定一个 goStart 单击事件，单击按钮跳转到 user 组件，在页面中获取用户名。

（2）在 demo07.html 文件中编写 JavaScript 代码，具体代码如下：

```
1  // 定义 user 组件
2  var user = {
3    template: '<p>用户名：{{ this.$route.query.name }}</p>'
4  }
5  var router = new VueRouter({
6    routes: [
7      { path: '/user', component: user }
8    ]
9  })
10 var vm = new Vue({
11   el: '#app',
```

```
12   methods: {
13     goStart () {
14       this.$router.push({ path: '/user', query: { name: 'admin' } })
15     }
16   },
17   router
18 })
```

上述代码中，第 3 行在目标页面中使用 this.$route.query.name 接收参数 name；第 14 行使用 query 方式传递参数，需要提供路由的 path 属性。

（3）在浏览器中打开 demo07.html，单击“跳转”按钮，结果如图 5-16 所示。

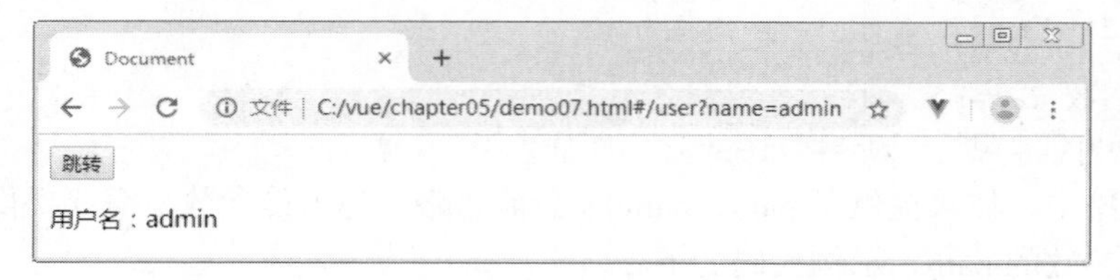

图 5-16　query 传参

在图 5-16 所示页面中，在浏览器地址栏末尾的“?name=admin”就是 query 参数。

2. params 传参

params 方式传递的参数不会在地址栏展示。下面我们通过例 5-8 进行演示。

【例 5-8】

（1）创建 C:\vue\chapter05\demo08.html 文件，具体代码如下：

```
1 <div id="app">
2   <button @click="goStart">跳转</button>
3   <router-view></router-view>
4 </div>
```

（2）在 demo08.html 文件中编写 JavaScript 代码，具体代码如下：

```
1 // 定义 user 组件
2 var user = {
3   template: '<p>用户名：{{ this.$route.params.name }}</p>'
4 }
5 var router = new VueRouter({
6   routes: [
7     { path: '/user', name: 'user', component: user }
8   ]
9 })
10 var vm = new Vue({
11   el: '#app',
12   methods: {
13     goStart () {
14       this.$router.push({ name: 'user', params: { name: 'admin' } })
15     }
16   },
17   router
18 })
```

上述代码中，第 3 行在目标页面中使用 this.$route.params.name 接收参数 name；第 14 行使用 params 方式传递参数，需要提供路由的 name 属性。

（3）在浏览器中打开 demo08.html，单击“跳转”按钮，结果如图 5-17 所示。

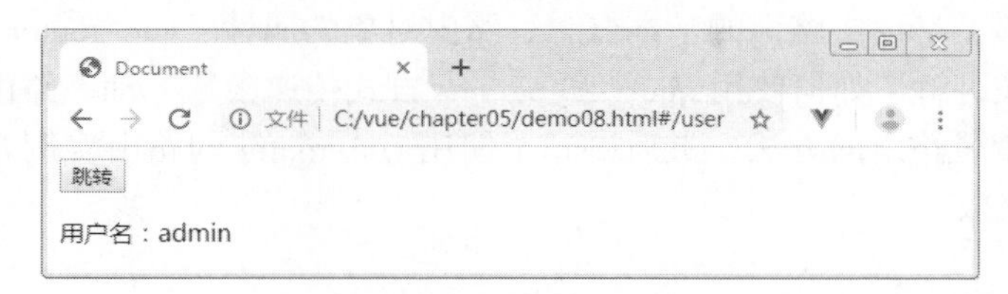

图 5-17　params 传参

在图 5-17 所示界面中，用户名 admin 作为 params 参数传递，该参数并没有显示在地址栏中。

5.8.2　router.replace()

router.replace() 方法和 router.push() 方法类似，区别在于，为 <router-link> 设置 replace 属性后，当单击时，就会调用 router.replace()，导航后不会向 history 栈添加新的记录，而是替换当前的 history 记录，示例代码如下：

```
// 编程式
router.replace({ path: 'user' })
// 声明式
<router-link :to="{path:'user'}" replace></router-link>
```

5.8.3　router.go()

router.go() 方法的参数是一个整数，表示在 history 历史记录中前进或后退多少步，类似于 window.history.go()。this.$router.go(-1) 相当于 history.back()，表示后退一步；this.$router.go(1) 相当于 history.forward()，表示前进一步，功能类似于浏览器上的后退和前进按钮，相应的地址栏也会发生改变。下面我们通过例 5-9 进行演示。

【例 5-9】

（1）创建 C:\vue\chapter05\demo09.html 文件，具体代码如下：

```
1  <div id="app">
2    <button @click="goBack">后退</button>
3  </div>
4  <script>
5  var router = new VueRouter()
6  var vm = new Vue({
7    el: '#app',
8    methods: {
9      goBack () {
10       this.$router.go(-1) // 使用this.$router.go()进行后退操作
11     }
12   },
13   router
14 })
15 </script>
```

（2）在浏览器中打开 demo09.html，单击“后退”按钮，浏览器就会执行后退操作。

本章小结

本章主要讲解了 Vue 中路由的基本概念、路由对象的属性、vue-router 插件的基本使用，并通过案例的形式讲解了如何使用 query 和 params 方式传递参数、动态路由及路由嵌套的使用、命名视图及命名路由的方法，最后讲到了使用 vue-router 的路由实例方法实现编程式导航的参数传递及获取。

课后习题

一、填空题

1. 在项目中可以通过 npm 命令________安装路由 vue-router。
2. 使用________获取当前激活的路由的状态信息。
3. 通过一个名称来标识一个路由的方式叫作________。
4. 在业务逻辑代码中实现导航跳转的方式称为________。
5. 单页面应用主要通过 URL 中的________实现不同页面之间的切换。

二、判断题

1. 后端路由通过用户请求的 URL 导航到具体的 html 页面。 （ ）
2. 开发环境下，使用 import VueRouter from 'vueRouter' 来导入路由。 （ ）
3. 嵌套路由的使用，主要是由页面结构来决定的。 （ ）
4. params 方式传参类似于 GET 请求。 （ ）
5. 在单页面应用中更新视图可以不用重新请求页面。 （ ）

三、选择题

1. 下列 vue-router 插件的安装命令，正确的是（ ）。

A. npm install vue-router　　B. node install vue-router

C. npm Install vueRouter　　D. npm I vue-router

2. 下列关于 query 方式传参的说法，正确的是（ ）。

A. query 方式传递的参数会在地址栏展示

B. 在页面跳转的时候，不能在地址栏看到请求参数

C. 在目标页面中使用“this. route.query. 参数名”来获取参数

D. 在目标页面中使用“this.$route.params. 参数名”来获取参数

3. 下列关于 params 方式传参的说法，错误的是（ ）。

A. 在目标页面中也可以使用“$route.params. 参数名”来获取参数

B. 在页面跳转的时候，不能在地址栏看到请求参数

C. 以 params 方式传递的参数会在地址栏展示

D. 在目标页面中使用“this.$route.params. 参数名”来获取参数

四、简答题

1. 请简述以 npm 方式安装 vue-router 的步骤。
2. 请简述 vue-router 路由的作用。

3. 请简单列举并说明路由对象包括哪些属性。

五、编程题

请使用 Vue 路由相关知识动手实现 Tab 栏切换案例，要求如下。

① 创建一个 components/Message.vue 组件，用来展示页面内容。

② 创建 3 个子路由，分别是“待付款”“待发货”“待收货”页面，在每个子路由页面单独写出相应的内容，页面效果如图 5-18 所示。

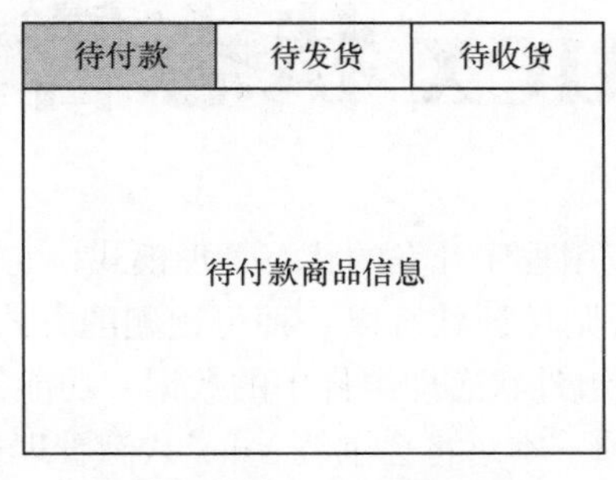

图 5-18　Tab 栏切换

第6章 Vuex状态管理

Vuex是一个专为Vue.js应用程序开发的状态管理模式，它采用集中式存储管理应用的所有组件的状态，并以相应的规则保证状态以一种可预测的方式发生变化。这里的“可预测”可以理解为实现特定的功能。组件状态即组件中的数据、功能等信息，Vuex提供了操作组件状态的mutations和actions选项。本章将会围绕Vuex状态管理进行详细讲解。

教学导航

学习目标	1. 了解Vuex的基本概念 2. 掌握Vuex下载安装方法 3. 掌握Vuex实例对象的配置方法 4. 掌握Vuex API接口的使用方法
教学方式	本章主要以案例讲解、代码演示为主
重点知识	1. 掌握Vuex实例对象的配置方法 2. 掌握Vuex API接口的使用方法
关键词	Vuex实例对象、Vuex API基本使用、Vuex基础数据state、mutations状态提交、actions内容分发

6.1 初识Vuex

6.1.1 什么是Vuex

Vuex是Vue团队提供的一套组件状态管理维护的解决方案。Vuex作为Vue插件来使用，进一步完善了Vue基础代码功能，使Vue组件状态更加容易维护，为大型项目开发提供了强大的技术支持。

下面我们通过一段简单的代码演示Vuex的使用，如下所示：

```
1  const store = new Vuex.Store({
2    state: {},
3    mutations: {}
4  })
5  var vm = new Vue({
```

```
6     el: '#app',
7     store
8   })
```

在上述代码中，第 1 行使用 new 创建 Vuex 实例对象 store，它可以理解为一个容器，里面包含了应用中的大部分的状态（state）；第 2 行通过 state 配置选项定义组件初始状态，类似于 Vue 实例中的 data 属性；第 3 行为实例对象提供了 mutations，通过事件处理方法改变组件状态，最终将 state 状态反映到组件中，类似于 Vue 实例的 methods 属性。

6.1.2　Vuex 的下载和安装

Vuex 通常有两种安装方式，一种是直接通过 <script> 标签引入 vuex.js 文件，一种是在 npm 中安装，下面我们分别进行讲解。

1. vuex.js 单文件引用

从 Vue 官方网站可以获取 vuex.js 文件的下载，下载后，保存到 C:\vue\chapter06 目录中，本书使用的版本是 3.1.1。

在获取到 vuex.js 文件后，下面我们通过例 6-1 演示如何在页面中引入 vuex.js。

【例 6-1】

（1）创建 C:\vue\chapter06\demo01.html 文件，具体代码如下：

```
1   <script src="vue.js"></script>
2   <script src="vuex.js"></script>
3   <div id="app">
4     <p>{{this.$store.state.name}}</p>
5   </div>
6   <script>
7   // 创建实例对象 store
8   var store = new Vuex.Store({
9     state: {
10      name: 'vuex.js 直接引用'
11    }
12  })
13  var vm = new Vue({
14    el: '#app',
15    store
16  })
17  </script>
```

上述代码中，第 1 ～ 2 行用于引入 vue.js 和 vuex.js 文件；第 8 ～ 12 行通过实例化 Vuex.Store() 构造器创建 store 实例，创建完成后通过第 15 行代码挂载到 vm 实例；第 4 行代码用于将 state 中的 name 值插入到 p 元素中，this.$store 表示 store 实例。

（2）在浏览器中打开 demo01.html 文件，运行结果如图 6-1 所示。

图 6-1　vuex.js 直接引用

（3）store 中的状态是响应式的，在组件中调用 store 中的状态时仅需要在计算属性中返回即可。下面我们修改 demo01.html 的代码，使用计算属性返回 store 中的 name：

```
1  <div id="app">
2    <p>{{name}}</p>
3  </div>
4  <script>
5  var store = new Vuex.Store({
6    state: {
7      name: 'vuex.js 直接引用'
8    }
9  })
10 var vm = new Vue({
11   el: '#app',
12   store,
13   computed: {
14     name () {
15       return this.$store.state.name
16     }
17   }
18 })
19 </script>
```

上述代码执行后，运行结果与图 6-1 相同。

（4）当一个组件需要获取多个状态时，将这些状态都声明为计算属性有些麻烦，这时候可以使用 mapState 辅助函数来生成计算属性，示例代码如下：

```
1  var mapState = Vuex.mapState
2  var vm = new Vue({
3    el: '#app',
4    store,
5    computed: mapState({
6      // 箭头函数可使代码更简短
7      name: state => state.name
8    })
9  })
```

2. npm 导入 vuex 包

在使用 webpack 进行 Vue 开发时，vue 和 vuex 都是通过 npm 安装的，下面我们通过例 6-2 进行演示。

【例 6-2】

（1）在命令行中切换到 C:\vue\chapter06 目录，执行如下命令创建 demo02 项目：

```
vue init webpack demo02
cd demo02
```

（2）执行如下命令安装 vuex：

```
npm install vuex@3.1.1 --save
```

（3）创建 src\store\index.js 文件，用来导出 store 实例，具体代码如下：

```
1  import Vue from 'vue'
2  import Vuex from 'vuex'
3  Vue.use(Vuex)
4
```

```
5 export default new Vuex.Store({
6   state: {
7     name: '正在使用 Vuex'
8   }
9 })
```

（4）修改 src\main.js 文件，在 Vue 实例中注册 store 实例，如下所示：

```
1 import Vue from 'vue'
2 import App from './App'
3 import router from './router'
4 import store from './store'
5
6 Vue.config.productionTip = false
7
8 /* eslint-disable no-new */
9 new Vue({
10   el: '#app',
11   router,
12   components: { App },
13   template: '<App/>',
14   store
15 })
```

在上述代码中，第 4 行用于导入 store 实例；第 14 行用于注册 store 实例。

（5）修改 App.vue 文件，具体代码如下：

```
1 <template>
2   <div id="app">
3     <p>{{name}}</p>
4   </div>
5 </template>
6 <script>
7 import {mapState} from 'vuex'
8 export default {
9   name: 'App',
10   computed: mapState({
11     name: state => state.name
12   })
13 }
14 </script>
```

上述代码中，第 3 行将 name 值与组件中 name 数据绑定；第 7 行从 vuex 包中获取 mapState 辅助函数；第 10 ～ 12 行 computed 选项获取 state 中的 name 值后返回。

（6）执行如下命令，启动项目：

```
npm run dev
```

（7）在浏览器中打开 http://localhost:8080，运行结果如图 6-2 所示。

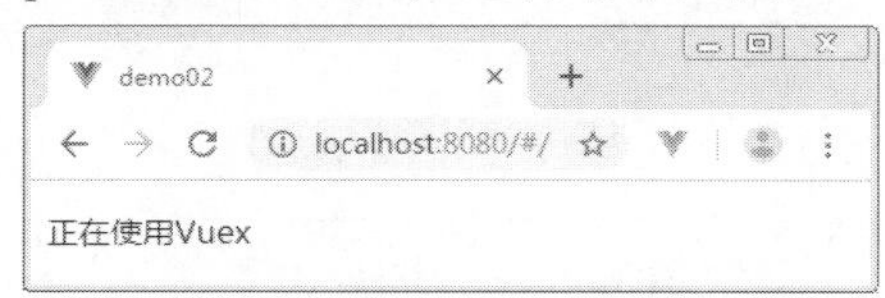

图 6-2　npm 导入 vuex 包

6.1.3 计数器案例

每一个 Vuex 应用的核心就是 store（仓库），即响应式容器，它用来定义应用中的数据以及数据处理工具。Vuex 的状态存储是响应式的，当 store 中数据状态发生变化，那么页面中的 store 数据也发生相应变化。改变 store 中的状态的唯一途径就是显式地提交 mutation，这样可以方便地跟踪每一个状态的变化。

为了使读者更好地理解，下面我们通过一个简单的计数器案例来演示，如例 6-3 所示。

【例 6-3】

（1）创建 C:\vue\chapter06\demo03.html 文件，具体代码如下：

```
1  <div id="app">
2    <button @click="increment">+</button>
3    <p>{{this.$store.state.count}}</p>
4  </div>
5  <script>
6  const store = new Vuex.Store({
7    state: {
8      count: 0
9    },
10   // 修改 count 的值
11   mutations: {
12     increase (state) {
13       state.count++
14     }
15   }
16 })
17 var vm = new Vue({
18   el: '#app',
19   store,
20   methods: {
21     increment () {
22       this.$store.commit('increase')
23     }
24   }
25 })
26 </script>
```

上述代码中，第 8 行在 state 中定义 count 初始数据；第 12 行定义 mutations 事件处理方法 increase()，接收参数为 state 初始状态数据，通过 state 可以获取到 count 的值，然后在第 13 行执行自增操作；第 22 行通过 commit() 方法提交状态变更。

（2）在浏览器中打开 demo03.html，单击“+”按钮，运行结果如图 6-3 所示。

图 6-3 count 状态提交

6.1.4 Vuex 状态管理模式

若要理解为什么 Vuex 是一个状态管理模式，需要先理解 Vue 中的单向数据流机制。在 Vue 中，组件的状态变化是通过 Vue 单向数据流的设计理念实现的，示例代码如下：

```
1  new Vue({
2    // State
3    data () {
4      return { count: 0 }
5    },
6    // View
7    template: '<div>{{ count }}</div>',
8    // Actions
9    methods: {
10     increment () {
11       this.count++
12     }
13   }
14 })
```

Vue 中的单向数据流主要包含以下 3 个部分。

- State：驱动应用的数据源。
- View：以声明方式将 state 映射到视图。
- Actions：响应在 View 上的用户输入导致的状态变化。

下面我们通过一个示意图来演示单向数据流的方向，如图 6-4 所示。

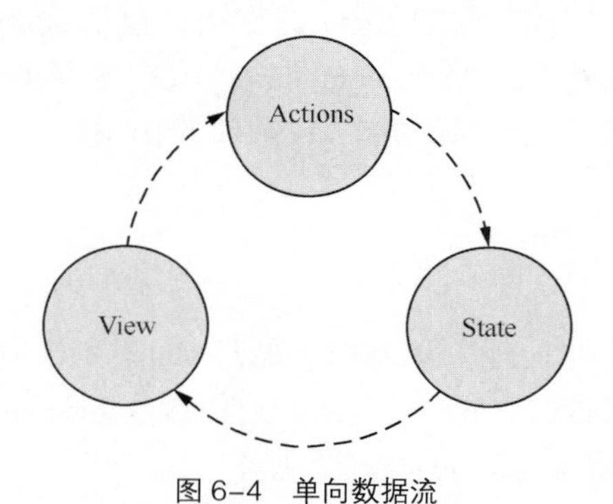

图 6-4 单向数据流

Vue 的单向数据流增强了组件之间的独立性，但是存在多个组件共享状态的时候，单向数据流状态就会被破坏。为了数据维护更加方便，需要将组件共享状态抽离出来，用全局单例模式来管理。在这种模式下，任何组件都能获取状态或者触发行为，这就是所谓的 Vuex 数据状态管理。Vuex 是专门为 Vue 设计的状态管理库，以利用 Vue 的细粒度数据响应机制来进行高效的状态更新。

Vuex 内部结构的工作流程关系如图 6-5 所示。

在图 6-5 中，Actions 中定义事件回调方法，通过 Dispatch 触发事件处理方法，例如，store.dispatch('事件处理方法名称')，并且 Actions 是异步的。Mutations 通过 Commit 提交，例如，store.commit('事件处理方法名称')，并且 Mutations 是同步的。从职责上，Actions 负责业务代码，而 Mutations 专注于修改 State。在提交 Mutations 时，devtools 调试工具完成 Mutations 状态变化的跟踪。

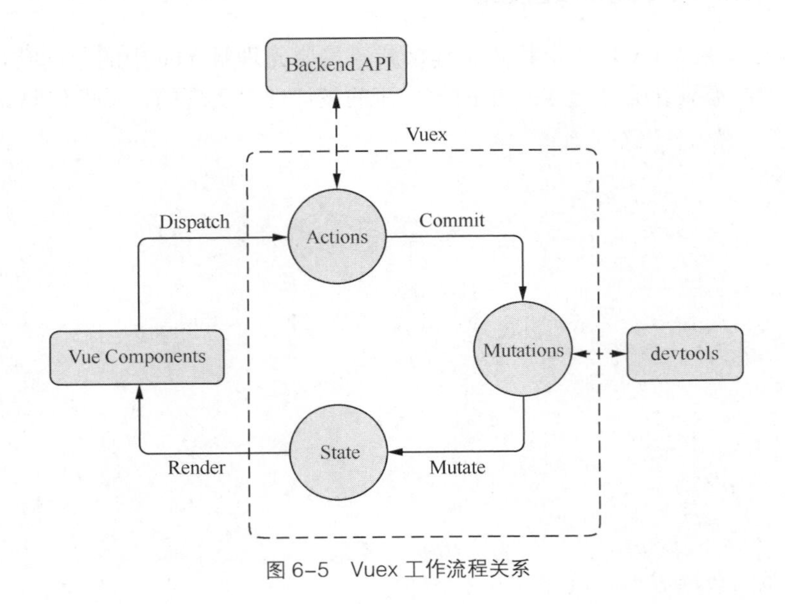

图 6-5 Vuex 工作流程关系

6.2 Vuex 配置选项

本节主要讲解 store 实例中常用配置选项的作用，包括 store 实例中的 state 初始数据的基本概念、如何通过 commit() 方法提交 mutations 选项中定义的函数来改变初始数据状态、actions 选项与 mutations 配置项的区别、plugins 选项的作用、如何使用 getters 选项定义计算属性获取最终值等。

6.2.1 actions

actions 选项用来定义事件处理方法，用于处理 state 数据。actions 类似于 mutations，不同之处在于 actions 是异步执行的，事件处理函数可以接收 {commit} 对象，完成 mutation 提交，从而方便 devtools 调试工具跟踪状态的 state 变化。

在使用时，需要在 store 仓库中注册 actions 选项，在里面定义事件处理方法。事件处理方法接收 context 作为第 1 个参数，payload 作为第 2 个参数（根据需要进行选择）。

下面我们通过一个案例演示 actions 选项的使用，如例 6-4 所示。

【例 6-4】

（1）创建 C:\vue\chapter06\demo04.html 文件，具体代码如下：

```
1  <div id="app">
2    <button @click="mut">查看 mutations 接收的参数 </button>
3    <button @click="act">查看 actions 接收的参数 </button>
4  </div>
5  <script>
6  var store = new Vuex.Store({
7    state: { name: '张三', age: 38, gender: '男' },
```

```
8    mutations: {
9      test (state) { console.log(state) }
10   },
11   actions: {
12     test (context) { console.log(context) }
13   }
14 })
15 var vm = new Vue({
16   el: '#app',
17   store,
18   methods: {
19     mut () { this.$store.commit('test') },
20     act () { this.$store.dispatch('test') }
21   }
22 })
23 </script>
```

上述代码中，第 2 ～ 3 行为按钮绑定单击事件；第 18 ～ 21 行代码在 vm 实例 methods 选项中定义 mut 和 act 事件处理方法，mut 事件处理方法完成 mutation 提交，act 事件处理方法完成 action 状态分发。

（2）在浏览器中打开 demo04.html，分别单击按钮，运行结果如图 6-6 所示。

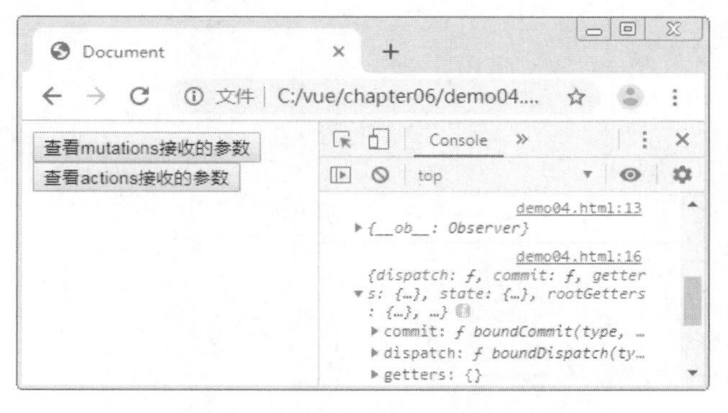

图 6-6　context 对象

如图 6-6 所示，mutations 中的事件方法接收参数为 state 数据对象，actions 中的事件方法接收参数为 context 对象。在 context 中能获取到 commit、dispatch、getters 和 state 等。

（3）修改 methods 中的代码，在第 2 个参数中传入一个字符串值，如下所示：

```
1  act () {
2    this.$store.dispatch('test', '我是传递的参数')
3  }
```

然后在 actions 中接收参数，如下所示：

```
1  actions: {
2    test (context, param) {
3      console.log(param)   // 输出结果：我是传递的参数
4    }
5  }
```

上述代码执行后，就可以在控制台中看到输出结果“我是传递的参数”。

（4）修改 methods 中的代码，传入对象形式的参数，如下所示：

```
1  act () {
2    this.$store.dispatch({ type: 'test', name: '我是传递的参数' })
3  }
```

然后在 actions 中接收参数，如下所示：

```
1  actions: {
2    test (context, param) {
3      console.log(param) // 输出结果：{type: "test", name: "我是传递的参数"}
4    }
5  }
```

通过例 6-4 我们已经演示了 store 实例方法 dispatch 及参数传递的方式。下面我们再来编写一个简单的计数器案例，实现在 actions 中通过 context 提交到 mutations，如例 6-5 所示。

【例 6-5】

（1）创建 C:\vue\chapter06\demo05.html，具体代码如下：

```
1  <div id="app">
2    <div class="count">
3      <button @click="calc">计数</button>
4      <span>{{this.$store.state.count}}</span>
5    </div>
6  </div>
7  <script>
8  const store = new Vuex.Store({
9    state: { count: 0 },
10   mutations: {
11     increment (state) {
12       state.count++
13     }
14   },
15   actions: {
16     add (context) {
17       context.commit('increment')
18     }
19   }
20 })
21 var vm = new Vue({
22   el: '#app',
23   store,
24   methods: {
25     calc () {
26       this.$store.dispatch('add')
27     }
28   }
29 })
30 </script>
```

上述代码中，第 25 行在 vm 实例的 methods 中定义 calc() 单击事件；第 26 行在事件中通过 dispatch 来推送一个名称为 add 的 action；第 16 行在 store 实例的 actions 中定义 add 方法，add 方法接收参数为 context 对象；第 17 行使用 commit 推送一个名称为 increment 的

mutation，对应第 11 行 mutations 中定义的 increment() 方法。

（2）在浏览器中打开 demo05.html，运行结果如图 6-7 所示。

图 6-7 计数器案例

在图 6-7 所示页面中，单击“计数”按钮时，页面中的数字会执行自增操作。

另外，为了简化代码，在 actions 中可以直接完成 commit 提交，示例代码如下：

```
1  actions: {
2    add ({ commit }) {
3      commit('increment')
4    }
5  }
```

6.2.2 mutations

mutations 选项中的事件处理方法接收 state 对象作为参数，即初始数据，使用时只需要在 store 实例配置对象中定义 state 即可。mutations 中的方法用来进行 state 数据操作，在组件中完成 mutations 提交就可以完成组件状态更新。下面我们通过例 6-6 进行演示。

【例 6-6】

（1）创建 C:\vue\chapter06\demo06.html，具体代码如下：

```
1  <div id="app">
2    <button @click="param">传递参数</button>
3    <p>{{this.$store.state.param}}</p>
4  </div>
5  <script>
6  var store = new Vuex.Store({
7    state: { param: '' },
8    mutations: {
9      receive (state, param) {
10       state.param = param
11     }
12   },
13   actions: {
14     param (context){
15       context.commit('receive', '我是传递的参数')
16     }
17   }
18 })
19 var vm = new Vue({
20   el: '#app',
21   store,
22   methods: {
23     param () {
24       this.$store.dispatch('param')
```

```
25     }
26   }
27 })
28 </script>
```

上述代码中，第 3 行将 state 中的 param 插入到 p 元素中；第 9 行中定义 mutations 中的事件处理方法 receive，接收参数为 state 和 param；第 10 行将 param 赋值给 state 中的 param；第 14 行 actions 中定义 param 事件处理方法，接收参数为 context 对象，通过 context 对象提交名为 receive 的 mutation，并将“我是传递的参数”作为参数传递；第 23 行注册事件处理方法 param，并且通过单击事件绑定到页面中的“传递参数”按钮上，实现当单击按钮时，页面展示 param 的值。

（2）打开 demo06.html，单击“传递参数”按钮，运行结果如图 6-8 所示。

图 6-8　commit 接收参数

（3）修改 actions 中的代码，传入对象形式的参数，如下所示：

```
1 actions: {
2   param (context) {
3     context.commit({ type: 'receive', name: '我是传递的参数' })
4   }
5 }
```

然后在 mutations 中接收参数，如下所示：

```
1 mutations: {
2   receive (state, param) {
3     console.log(param) // 查看接收到的 param 值
4     state.param = param.name
5   }
6 },
```

（4）Vue 提供了 devtools 工具用来进行项目调试，在调试组件状态时，mutations 提交的日志信息都会被记录下来，通过 devtools 来完成前一状态和后一状态的信息记录。在浏览器的开发者工具中切换到 Vue 面板，即可使用 devtools 工具，如图 6-9 所示。

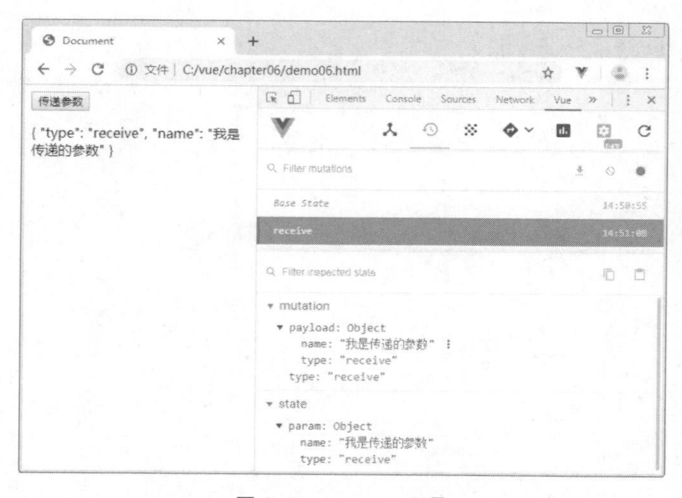

图 6-9　devtools 工具

需要注意的是，mutations是同步函数，组件状态发生变化时，触发mutations中的事件处理方法来更新页面状态的变化，这是一种同步状态。同步方法是同步执行的，主要可以记录当前状态的变化，同步到页面中。在mutations中如果有异步操作，devtools很难追踪状态的改变。下面我们通过例6-7进行演示。

【例6-7】

（1）创建C:\vue\chapter06\demo07.html，具体代码如下：

```
1  <div id="app">
2    <button @click="asyc">异步操作</button>
3    <p>{{this.$store.state.count}}</p>
4  </div>
5  <script>
6  var store = new Vuex.Store({
7    state: { count: 0 },
8    mutations: {
9      receive (state) {
10       setTimeout(function () {
11         state.count++
12       },1000)
13     }
14   }
15 })
16 var vm = new Vue({
17   el: '#app',
18   store,
19   methods: {
20     asyc () {
21       this.$store.commit('receive')
22     }
23   }
24 })
25 </script>
```

上述代码中，第21行在asyc单击事件中使用commit提交了一个名字为receive的mutation时，对应第9行mutations中的方法名，在该方法中通过定时器setTimeout()实现在1000ms后让count值自增的异步操作。

（2）打开demo07.html文件，单击“异步操作”按钮，运行结果如图6-10所示。

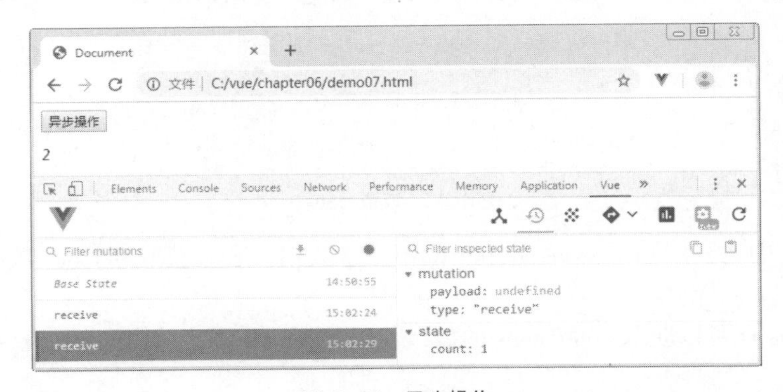

图6-10　异步操作

如图 6-10 所示，devtools 调试工具中 count 值与页面中展示的数据不同步，这是因为当 mutations 触发的时候，setTimeout() 传入的异步回调函数还没有执行。因为 devtools 不知道异步回调函数什么时候被调用，所以任何在回调函数中进行的状态改变都是不可追踪的。

6.2.3 getters

store 实例允许在 store 中定义 getters 计算属性，类似于 Vue 实例的 computed。getters 返回值会根据它的依赖进行处理然后缓存起来，且只有当它的依赖值发生改变时才会被重新计算。下面我们通过例 6-8 进行演示。

【例 6-8】

（1）创建 C:\vue\chapter06\demo08.html，具体代码如下：

```
1  <div id="app">
2    <p>{{this.$store.getters}}</p>
3  </div>
4  <script>
5  const store = new Vuex.Store({
6    state: {
7      todos: [
8        { id: 1, text: '我已完成', done: true },
9        { id: 2, text: '我没有完成', done: false }
10     ]
11   },
12   getters: {
13     doneTodos: state => {
14       return state.todos.filter(todo => todo.done)
15     }
16   }
17 })
18 var vm = new Vue({ el: '#app', store })
19 </script>
```

上述代码中，第 13 行在 getters 中定义 doneTodos 方法，该方法接收 state 参数；第 14 行代码使用 filter 方法对 todos 数组进行处理，filter 方法接收的参数为箭头函数，箭头函数的参数 todo 表示数组中的每一个对象，使用 todo.done 作为返回值返回，如果返回值为 true 时，就会在 filter 方法返回的数组中添加 todo。

（2）在浏览器中打开 demo08.html，运行结果如图 6-11 所示。

图 6-11　获取 getters

在图 6-11 中，只展示了 todos 数组中的第一条数据，表示获取到 todos 数组中 done 值为 true 的数据。

利用 getters 还可以获取 doneTodos 的数组，以及 length 值，示例代码如下：

```
1  getters: {
2    doneTodosCount: (state, getters) => {
```

```
3       return getters.doneTodos.length
4     }
5   }
```

上述代码中，getters 中的 doneTodosCount 接收其他 getters 作为第 2 个参数，通过这个 getters 就可以获取 doneTodos 数组或数组的长度。

然后还需要把 doneTodosCount 放入页面中，插入到 <p> 元素内，如下所示：

```
1  <p>{{this.$store.getters.doneTodosCount}}</p>
```

完成上述代码后，运行程序，可以看到获取的数组长度为 1。

下面我们再来展示一个简单的列表查询功能，具体如例 6-9 所示。

【例 6-9】

（1）创建 C:\vue\chapter06\demo09.html 文件，具体代码如下：

```
1  <div id="app">
2    <h2>列表查询</h2>
3    <input type="text" v-model="id">
4    <button @click="search">搜索</button>
5    <p>搜索结果：{{this.$store.getters.search}}</p>
6    <ul>
7      <li v-for="item in this.$store.state.todos">{{item}}</li>
8    </ul>
9  </div>
10 <script>
11 const store = new Vuex.Store({
12   state: {
13     todos: [
14       { id: 1, text: '列表1'},
15       { id: 2, text: '列表2'},
16       // 此处可以添加更多数据
17     ],
18     id: 0
19   },
20   mutations: {
21     search(state, id){
22       state.id = id
23     }
24   },
25   getters: {
26     search: state => {
27       return state.todos.filter(todo => todo.id == state.id)
28     }
29   }
30 })
31 var vm = new Vue({
32   el: '#app',
33   data: { id: '' },
34   store,
35   methods: {
36     search () {
37       this.$store.commit('search', this.id)
```

```
38     }
39   }
40 })
41 </script>
```

上述代码中，第 3 行在 input 表单元素上通过 v-model 绑定 data 中的 id；第 7 行通过 v-for 指令绑定 state 中的 todos 数据进行列表渲染；第 4 行按钮绑定单击事件；第 36 行在 methods 中定义事件处理方法 search，当单击“搜索”按钮时，执行 search 事件回调方法，在 search 方法中提交名为 search 的 mutation，并且将 input 框中输入的 id 值作为参数传递；第 26 行在 getters 中定义 search 方法，用来查找 todos 中符合 id 值的数据。

（2）打开 demo09.html，在文本框中输入 1 进行搜索，结果如图 6-12 所示。

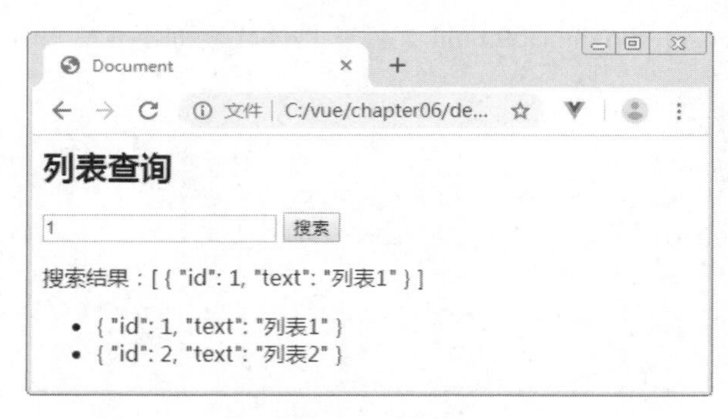

图 6-12 列表查询

6.2.4 modules

modules 用来在 store 实例中定义模块对象。在项目开发中，页面组件存在多种状态，且是通过单一状态树形式实现数据状态可跟踪的，Vue 为了解决当前这种复杂应用状态，提出了类似于模块化开发的方式对 store 对象仓库进行标准化管理。

modules 是 store 实例对象的选项，其参数构成如下：

```
1  key: {
2    state,
3    mutations,
4    actions,
5    getters,
6    modules
7  },
```

在上述代码中，key 表示模块名称，可自定义，主要通过对象中的属性描述模块的功能，这与 store 数据仓库中的参数是相同的。

接下来我们通过一个简单的案例学习 modules 模块的使用，如例 6-10 所示。

【例 6-10】

（1）创建 C:\vue\chapter06\demo10.html 文件，具体代码如下：

```
1  <div id="app"></div>
2  <script>
3  const moduleA = {
4    state: { nameA: 'A' },
```

```
5  }
6  const moduleB = {
7    state: { nameB: 'B' },
8  }
9  const store = new Vuex.Store({
10   modules: {
11     a: moduleA,
12     b: moduleB
13   }
14 })
15 var vm = new Vue({
16   el: '#app',
17   store
18 })
19 console.log(store.state.a)
20 console.log(store.state.b)
21 </script>
```

上述代码中，第 3 ～ 8 行定义模块对象 moduleA 和 moduleB，并在相应的模块中分别定义 nameA 和 nameB；第 10 行在 store 实例对象中注册模块 modules，其中主要包括 a 和 b 两个模块；第 19 ～ 20 行在控制台输出模块 a 和模块 b。

（2）打开 demo10.html 文件，在控制台查看输出结果，如图 6-13 所示。

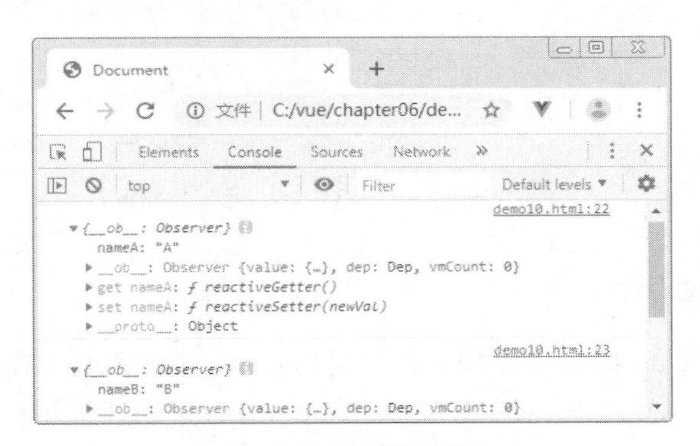

图 6-13　查看模块单元

在图 6-13 所示页面中，控制台输出了模块 a 和模块 b 两个对象，说明模块已经注册成功。

6.2.5　plugins

Vuex 中的插件配置选项为 plugins，插件本身为函数。函数接收参数 store 对象作为参数。store 实例对象的 subscribe 函数可以用来处理 mutation，函数接收参数为 mutation 和 state。下面我们通过例 6-11 进行演示。

【例 6-11】

（1）创建 C:\vue\chapter06\demo11.html 文件，具体代码如下：

```
1  <script>
2  const myPlugin = store => {
3    // 当 store 初始化后调用
4    store.subscribe((mutation, state) => {
5      // 每次 mutation 提交后调用，mutation 格式为 {type, payload}
```

```
6       console.log(mutation.type, mutation.payload)
7     })
8   }
9   const store = new Vuex.Store({
10    mutations: {
11      do (state) {
12        console.log(state)
13      }
14    },
15    plugins: [myPlugin]
16  })
17  store.commit('do', 'plugin')
18  </script>
```

上述代码中，第 2 行定义了 myPlugin 插件函数，函数接收 store 实例对象；第 4 行 store.subscribe 函数在 store 实例初始化完成后调用，接收参数为 mutation 和 state；第 15 行在 store 实例中使用 myPlugin 插件；第 17 行使用 commit 提交名称为 do 的 mutation，对应第 11 行 mutations 中的 do 函数。

（2）在浏览器中打开 demo11.html 文件，运行结果如图 6-14 所示。

图 6-14 查看 mutation

6.2.6 devtools

store 实例配置中的 devtools 选项用来设置是否在 devtools 调试工具中启用 Vuex，默认值为 true，表示在启用，设为 false 表示停止使用。devtools 选项经常用在一个页面中存在多个 store 实例的情况。下面我们通过例 6-12 进行演示。

【例 6-12】

（1）创建 C:\vue\chapter06\demo12.html 文件，具体代码如下：

```
1  <div id="app"></div>
2  <script>
3  const store = new Vuex.Store({
4    mutations: {
5      do (state) {}
6    },
7    // devtools 选项
8    devtools: true
9  })
10 store.commit('do', 'plugin')
11 var vm = new Vue({ el: "#app", store })
12 </script>
```

上述代码中，第 8 行表示在 devtools 工具中启用 Vuex 的跟踪调试。

（2）在浏览器中打开 demo12.html，运行结果如图 6-15 所示。

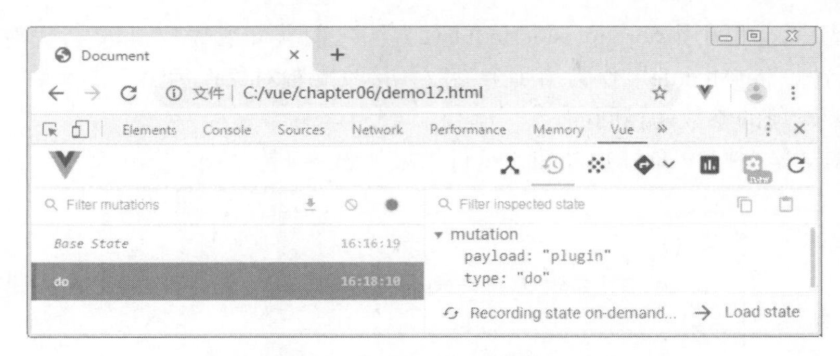

图 6-15 在 devtools 中启用 Vuex

（3）修改 devtools 值为 false，重新打开新页面，运行结果如图 6-16 所示。

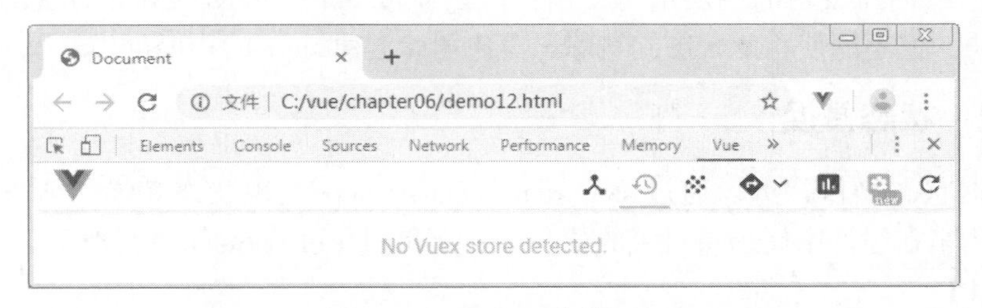

图 6-16 在 devtools 中关闭 Vuex

6.3 Vuex 中的 API

Vuex.Store() 构造器创建的 store 对象提供了一些 API，可以进行模块注册、状态替换等，从而能够高效地进行项目开发。下面我们就对 Vuex 中的 API 进行详细讲解。

6.3.1 模块注册

Vuex 提供了模块化开发思想，主要是通过 modules 选项完成注册。这种方式只能在 store 实例对象中进行配置，显得不灵活。store 实例对象提供了动态创建模块的接口，即 store.registerModule() 方法，下面我们通过例 6-13 进行演示。

【例 6-13】

（1）创建 C:\vue\chapter06\demo13.html 文件，具体代码如下：

```
1  <script>
2  const store = new Vuex.Store({ })
3  store.registerModule('myModule', {
4    state: {
5      name: '我是 store.registerModule() 定义的模块'
6    }
7  })
```

```
8  document.write(store.state.myModule.name)
9  </script>
```

上述代码中，在调用 store.registerModule() 方法之前首先要完成 store 实例对象创建，方法接收模块名称“myModule”作为第 1 个参数，接收配置对象作为第 2 个参数。配置对象与 store 实例配置对象的参数是相同的。

（2）在浏览器中打开 demo13.html，运行结果如图 6–17 所示。

图 6–17　注册模块接口

如图 6–17 所示，页面中显示了“我是 store.registerModule() 定义的模块”，表示创建模块成功。如果已经创建成功的模块不再使用，可以通过 store.unregisterModule('moduleName') 来动态卸载模块，但不能使用此方法卸载静态模块（即创建 store 时声明的模块）。

6.3.2　状态替换

state 数据状态操作，可以通过 store.replaceState() 方法实现状态替换。该方法接收新的 state 对象，用来在组件中展示新对象的状态。下面我们通过例 6–14 进行演示。

【例 6–14】

（1）创建 C:\vue\chapter06\demo14.html 文件，具体代码如下：

```
1  <div id="app">
2    <p>{{this.$store.state.name}}</p>
3  </div>
4  <script>
5  const store = new Vuex.Store({
6    state: { name: 'name 初始值' },
7  })
8  store.replaceState({ name: '我是替换后的 state 数据' })
9  var vm = new Vue({
10   el: '#app',
11   store
12 })
13 </script>
```

上述代码中，第 6 行在 state 中定义 name 的值为“name 初始值”；第 8 行调用 replaceState()，接收参数为 state 对象，新的 name 值为“我是替换后的 state 数据”。

（2）在浏览器中打开 demo14.html 文件，运行结果如图 6–18 所示。

图 6–18　状态替换

6.4 购物车案例

在学习了 Vuex 的基础知识后，下面我们来讲解如何将 Vuex 应用到项目开发中。通过本节的学习，读者将会掌握如何利用 Vuex 在购物车中进行状态管理。

6.4.1 案例分析

“购物车”是在线商城中的基本功能之一，可以实现将顾客想要购买的商品添加到购物车，计算购物车中商品的总价格。本案例主要由两个页面组成，分别是“商品列表页面”和“购物车”页面，分别如图 6-19 和图 6-20 所示。

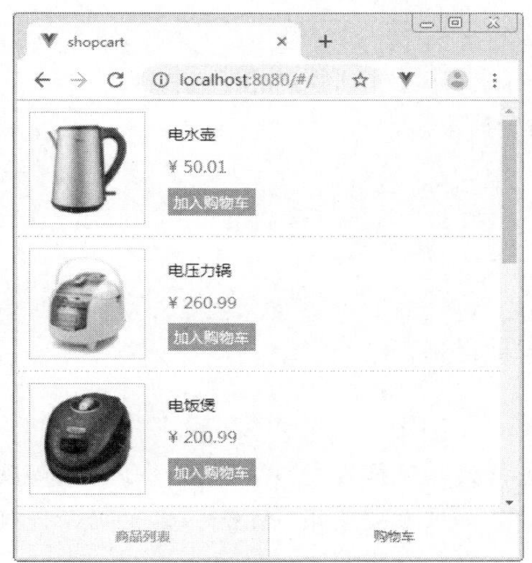

图 6-19　商品列表

图 6-20　购物车

在图 6-19 所示页面中，单击“加入购物车”按钮，即可将商品添加到购物车。在底部的 Tab 栏中切换到“购物车”页，可以查看购物车中的商品，并且会在底部显示商品的总价格。如果在购物车页面中单击“删除”按钮，则表示删除商品。

本案例的目录结构如下所示：

```
|-index.html                          // 首页入口文件
|-static                              // 静态资源（图片）保存目录
|-src                                 // 源代码目录
    |-main.js                         // 程序逻辑入口文件
    |-App.vue                         // App 组件
    |-api                             // api 目录
        |-shop.js                     // 模拟后端 API 返回数据
    |-components                      // 组件目录
        |-GoodsList.vue               // GoodsList 组件（商品列表）
        |-Shopcart.vue                // Shopcart 组件（购物车）
    |-router                          // 路由目录
        |-index.js                    // 路由文件
    |-store                           // store 目录
        |-index.js                    // store 文件
        |-modules                     // store 模块目录
```

```
                |-goods.js          // goods 模块（商品数据）
                |-shopcart.js       // shopcart 模块（购物车数据）
```

在上述目录结构中，static 目录用来保存商品的图片，读者可以从本书配套源代码中获取图片，也可以自行准备。商品数据保存在 src\api\shop.js 文件中，在真实项目中，该文件用于请求后端服务器 API 获取商品数据，本案例进行了简化，将商品数据直接保存在该文件中，当调用时直接返回数据。

6.4.2 代码实现

1. 初始化项目

（1）打开命令行工具，切换到 C:\vue\chapter06 目录，执行如下命令创建项目：

```
vue init webpack shopcart
```

上述命令表示使用 Vue 脚手架工具基于 webpack 模板创建一个 shopcart 项目。

（2）切换到 shopcart 目录，安装 vuex，具体命令如下：

```
cd shopcart
npm install vuex@3.1.1 --save
```

（3）执行如下命令，启动项目：

```
npm run dev
```

（4）在浏览器中访问 http://localhost:8080，查看项目是否已经启动。

小提示：

在创建项目时，程序会提示是否安装 ESLint 进行代码风格检查，安装后，如果代码风格不符合 ESLint 的要求，会出现错误提示。因此，读者如果希望使用 ESLint，需要确保代码风格符合要求，可以借助 VS Code 编辑器的扩展来完成 ESLint 代码自动修复。

2. 实现底部 Tab 栏切换

（1）本案例的底部的 Tab 栏切换是通过路由来完成的，使用路由来切换 GoodsList 组件和 Shopcart 组件。创建 src\components\GoodsList.vue 文件，具体代码如下：

```
1  <template>
2    <div>GoodsList</div>
3  </template>
```

（2）创建 src\components\Shopcart.vue 文件，具体代码如下：

```
1  <template>
2    <div>Shopcart</div>
3  </template>
```

（3）创建 src\router\index.js 文件，具体代码如下：

```
1  import Vue from 'vue'
2  import Router from 'vue-router'
3  import GoodsList from '@/components/GoodsList'
4  import Shopcart from '@/components/Shopcart'
5
6  Vue.use(Router)
7
8  export default new Router({
```

```
9   routes: [
10    { path: '/', name: 'GoodsList', component: GoodsList },
11    { path: '/shopcart', name: 'Shopcart', component: Shopcart }
12  ]
13 })
```

在上述代码中，第10行表示将“/”（首页，显示商品列表）路由到GoodsList组件，将“/shopcart”（购物车页）路由到Shopcart组件。

（4）修改src\App.vue文件，利用<router-link>实现Tab栏切换，如下所示：

```
1  <template>
2    <div id="app">
3      <div class="content">
4        <router-view />
5      </div>
6      <div class="bottom">
7        <router-link to="/" tag="div">商品列表</router-link>
8        <router-link to="/shopcart" tag="div">购物车</router-link>
9      </div>
10   </div>
11 </template>
12
13 <script>
14 export default { name: 'App' }
15 </script>
16
17 <style>
18   // 样式部分代码省略，请参考配套源码
19 </style>
```

（5）在浏览器中查看运行结果，观察Tab栏是否已经可以正确切换。

3. 获取商品数据

（1）创建src\api\shop.js文件，准备商品数据，具体代码如下：

```
1  const data = [
2    {'id': 1, 'title': '电水壶', 'price': 50.01, src: '/static/1.jpg'},
3    {'id': 2, 'title': '电压力锅', 'price': 260.99, src: '/static/2.jpg'},
4    {'id': 3, 'title': '电饭煲', 'price': 200.99, src: '/static/3.jpg'},
5    {'id': 4, 'title': '电磁炉', 'price': 300.99, src: '/static/4.jpg'},
6    {'id': 5, 'title': '微波炉', 'price': 400.99, src: '/static/5.jpg'},
7    {'id': 6, 'title': '电饼铛', 'price': 200.99, src: '/static/6.jpg'},
8    {'id': 7, 'title': '豆浆机', 'price': 199.99, src: '/static/7.jpg'},
9    {'id': 8, 'title': '多用途锅', 'price': 510.99, src: '/static/8.jpg'}
10 ]
11
12 export default {
13   getGoodsList (callback) {
14     setTimeout(() => callback(data), 100)
15   }
16 }
```

上述代码用来模拟从服务器获取数据，第14行利用setTimeout()实现异步操作，第2个参数100用来模拟网络延迟100ms的情况。

（2）编写 src\store\modules\goods.js 文件，管理商品 store，具体代码如下：

```
1  import shop from '../../api/shop'
2
3  const state = {
4    list: []
5  }
6
7  const getters = {}
8
9  // 获取商品列表数据
10 const actions = {
11   getList ({ commit }) {
12     shop.getGoodsList(data => {
13       commit('setList', data)
14     })
15   }
16 }
17 // 将商品列表保存到 state 中
18 const mutations = {
19   setList (state, data) {
20     state.list = data
21   }
22 }
23
24 export default {
25   namespaced: true,
26   state,
27   getters,
28   actions,
29   mutations
30 }
```

在上述代码中，第 4 行在 state 中定义的 list 数组用来保存商品列表数据；第 11 行在 actions 中定义了 getList() 方法，用来从 API 中获取商品数据，然后通过第 19 行在 mutations 中定义的 setList() 方法将商品数据保存到 list 中。

（3）创建 src\store\modules\shopcart.js 文件，具体代码如下：

```
1  const state = {
2    items: []
3  }
4
5  const getters = {}
6  const actions = {}
7  const mutations = {}
8
9  export default {
10   namespaced: true,
11   state,
12   getters,
13   actions,
14   mutations
15 }
```

在上述代码中，第2行的items用来保存购物车中的商品数据。由于购物车的功能将在后面的步骤中完成，此处只编写最基本的代码，确保程序可以运行。

（4）创建src\store\index.js文件，具体代码如下：

```
1  import Vue from 'vue'
2  import Vuex from 'vuex'
3  import goods from './modules/goods'
4  import shopcart from './modules/shopcart'
5
6  Vue.use(Vuex)
7
8  export default new Vuex.Store({
9    modules: {
10     goods,
11     shopcart
12   }
13 })
```

上述代码加载了modules目录下的goods.js和shopcart.js模块，在第10和第11行代码中将模块放入Vuex.Store()的modules配置选项。

（5）修改src\main.js文件，使用import导入store，如下所示：

```
import store from './store'
```

导入后，将store放入Vue实例的配置选项中：

```
1  new Vue({
2    …（原有代码）
3    store
4  })
```

4．商品列表页面

（1）修改src\components\GoodsList.vue文件，输出商品列表，具体代码如下：

```
1  <template>
2    <div class="list">
3      <div class="item" v-for="goods in goodslist" :key="goods.id">
4        <div class="item-l">
5          <img class="item-img" :src="goods.src">
6        </div>
7        <div class="item-r">
8          <div class="item-title">{{goods.title}}</div>
9          <div class="item-price">{{goods.price | currency}}</div>
10         <div class="item-opt">
11           <button @click="add(goods)">加入购物车</button>
12         </div>
13       </div>
14     </div>
15   </div>
16 </template>
17
18 <script>
19 import { mapState, mapActions } from 'vuex'
20
```

```
21 export default {
22   computed: mapState({
23     goodslist: state => state.goods.list
24   }),
25   methods: mapActions('shopcart', ['add']),
26   created () {
27     this.$store.dispatch('goods/getList')
28   },
29   filters: {
30     currency (value) {
31      return '¥ ' + value
32     }
33   }
34 }
35 </script>
36
37 <style>
38   // 样式部分省略，参考本书配套源码
39 </style>
```

在上述代码中，第 26 ～ 28 行用来在组件创建后，将商品列表数据从 API 中读取出来，保存到 state 中，然后通过第 23 行代码将 state 中的商品列表数据作为 goodslist 计算属性，再通过第 3 行代码使用 v-for 对 goodslist 进行列表渲染，从而输出商品列表。

第 9 行代码用于输出商品价格，在输出时调用了第 30 ～ 32 行的 currency 过滤器，用于在金额的前面加上“¥”符号。

第 11 行代码用来加入购物车，单击后执行第 25 行使用 mapActions 函数绑定的 add 事件处理方法（add 方法将在后面的步骤中编写）。Vuex 提供的 mapActions 函数用来方便地把 store 中的 actions 绑定到组件中，同类函数还有 mapState、mapMutations、mapGetters 等，使用方法类似。在调用 add() 方法时，还会将 goods 作为参数传入。

（2）在 src\store\modules\shopcart.js 文件中编写 add() 方法，如下所示：

```
1  const actions = {
2    add () {
3    }
4  }
```

（3）在浏览器中查看商品列表页面是否已经正确显示，效果与图 6-19 相同。

5．购物车页面

（1）在 src\store\modules\shopcart.js 文件中编写 add() 方法和 del() 方法，分别用来实现购物车中的商品的添加和删除功能，具体代码如下：

```
1  const actions = {
2    add (context, item) {
3      context.commit('add', item)
4    },
5    del (context, id) {
6      context.commit('del', id)
7    }
8  }
9  const mutations = {
```

```
10   add (state, item) {
11     const v = state.items.find(v => v.id === item.id)
12     if (v) {
13       ++v.num
14     } else {
15       state.items.push({
16         id: item.id,
17         title: item.title,
18         price: item.price,
19         src: item.src,
20         num: 1
21       })
22     }
23   },
24   del (state, id) {
25     state.items.forEach((item, index, arr) => {
26       if (item.id === id) {
27         arr.splice(index, 1)
28       }
29     })
30   }
31 }
```

在上述代码中，第2行和第10行的add()方法的第2个参数item表示新添加的商品；第11行在添加商品时判断给定的商品item是否已经在state.items数组中存在，如果存在，则增加商品数量，如果不存在，则添加到state.items数组中；第5行和第24行的del()方法的第2个参数id表示删除指定id的商品；第25～29行使用商品id进行搜索，如果从state.items数组中找到了对应的商品，就从state.items数组中删除。

（2）继续编写src\store\modules\shopcart.js文件，实现总价格的计算，具体代码如下：

```
1 const getters = {
2   totalPrice: (state) => {
3     return state.items.reduce((total, item) => {
4       return total + item.price * item.num
5     }, 0).toFixed(2)
6   }
7 }
```

上述代码在getters中定义了totalPrice()，该方法返回商品价格计算结果。

（3）修改src\components\Shopcart.vue文件，输出购物车列表，具体代码如下：

```
1  <template>
2    <div class="list">
3      <div class="item" v-for="item in items" :key="item.id">
4        <div class="item-l">
5          <img class="item-img" :src="item.src">
6        </div>
7        <div class="item-r">
8          <div class="item-title">
9           {{item.title}} <small>x {{item.num}}</small>
10         </div>
11         <div class="item-price">{{item.price | currency}}</div>
```

```
12          <div class="item-opt">
13            <button @click="del(item.id)">删除</button>
14          </div>
15        </div>
16      </div>
17      <div class="item-total" v-if="items.length">
18        商品总价：{{total | currency}}
19      </div>
20      <div class="item-empty" v-else>购物车中暂无商品</div>
21    </div>
22 </template>
23
24 <script>
25 import { mapGetters, mapState, mapActions } from 'vuex'
26
27 export default {
28   computed: {
29     ...mapState({
30       items: state => state.shopcart.items
31     }),
32     ...mapGetters('shopcart', { total: 'totalPrice' })
33   },
34   methods: mapActions('shopcart', ['del']),
35   filters: {
36     currency (value) {
37       return '¥ ' + value
38     }
39   }
40 }
41 </script>
42
43 <style>
44   // 样式部分，参考本书配套源码
45 </style>
```

在上述代码中，第 29 ～ 32 行使用扩展运算符“...”将 mapState 和 mapGetters 返回的结果放入计算属性中，其中第 30 行用来绑定购物车中的商品，第 32 行用来绑定购物车中的商品总价格；第 13 行在页面中编写了“删除”按钮，表示删除购物车中的指定 id 的商品。

（4）在浏览器中测试程序，添加商品到购物车，查看购物车页面是否正确显示，总价格是否计算正确，效果与图 6-20 相同。

本章小结

本章主要讲解了什么是 Vuex 组件状态管理系统、Vuex 的基本特性和 store 实例方法的使用，读者应重点掌握 Vuex 中 mutations 状态提交和 actions 状态分发完成组件状态变化是如何实现的，在进行大型项目开发时，如何通过模块化的方式进行开发。本章最后以购物车功能为例介绍了 Vuex 在实际开发过程中的应用。

课后习题

一、填空题

1. Vuex 实例对象通过________方式来获取。
2. Vuex 实例对象中初始数据状态通过________方式获取。
3. Vuex 实例对象中组件状态通过________方式改变。
4. Vuex 中创建动态模块提供的方法是________。
5. Vuex 中通过________实现 actions 状态分发。

二、判断题

1. Vuex 实例对象可以调用 Vue 全局接口。（　　）
2. Vuex 中的 Vue.config 对象用来实现 Vuex 全局配置。（　　）
3. Vuex 的 state 选项中数据是初始数据状态。（　　）
4. Vuex 中插槽可以实现组件任意嵌套，且在版本 2.2.6+ 以后开始支持。（　　）
5. 当在 Vuex 实例对象中调用 store 时，一定会获取到 store 实例对象。（　　）

三、选择题

1. 下列关于 Vuex 实例对象接口的说法，错误的是（　　）。

A. Vuex 实例对象提供了 store 实例对象可操作方法
B. Vuex 实例对象 $data 数据可以由实例委托代理
C. 通过 Vuex 实例对象可实现组件状态的管理维护
D. Vuex 实例对象初始数据是 state 数据

2. 下面关于 Vuex 核心模块的说法，错误的是（　　）。

A. Vuex 配置对象中，actions 选项是异步的
B. Vuex.config 对象是全局配置对象
C. Vuex 配置对象中，mutations 选项是同步的
D. 通过 commit 完成 mutations 提交

3. 下列不属于 Vuex.Store 配置对象接收参数的是（　　）。

A. data　　B. state　　C. mutations　　D. getters

4. Vuex 实例对象中类似于 computed 计算属性功能的选项是（　　）。

A. state　　B. mutations　　C. actions　　D. getters

5. 下面关于 Vuex 中的 actions 的说法，不正确的是（　　）。

A. actions 中事件函数通过 commit 完成分发　　B. acitons 中事件处理函数接收 context 对象
C. actions 与 Vue 实例中的 methods 是类似的　　D. 可以用来注入自定义选项的处理逻辑

四、简答题

1. 请简要分析 Vuex 的设计思想。
2. 简述 Vuex 配置对象中的主要内容有哪些。
3. 简述 Vuex 中的 actions 的含义。

五、编程题

请编程实现列表的增、删、改、查操作。

第 7 章

Vue 开发环境

当使用 Vue 构建项目时，在页面中通过 <script> 标签引入 vue.js 文件，这种方式仅适用于简单的案例，在实际开发工作中，往往需要处理复杂的业务逻辑，那么通过 <script> 引入的方式就不太合适了。此时需要借助 Vue 脚手架工具，这个工具可以帮助开发者快速地构建一个适用于实际项目中的 Vue 环境。本节将对 Vue 开发环境进行详细讲解。

教学导航

学习目标	1. 掌握 Vue CLI 3.x 脚手架的安装与使用方法 2. 掌握 CLI 插件与第三方插件的使用方法 3. 熟悉 CLI Preset 的用法 4. 掌握 CLI 服务的原理 5. 掌握 vue.config.js 文件的配置方法 6. 了解全局环境变量与模式的配置及静态资源的处理
教学方式	本章主要以概念讲解、操作实践为主
重点知识	1. 掌握 Vue CLI 3.x 版本的安装与使用方法 2. 掌握 CLI 插件与第三方插件的使用方法 3. 掌握 vue.config.js 文件的配置方法
关键词	@vue/cli、插件、Preset、CLI 服务、项目配置文件、全局环境变量与模式、静态资源处理

7.1 Vue CLI 脚手架工具

Vue CLI 是一个基于 Vue.js 进行快速开发的完整系统，可以自动生成 Vue.js+webpack 的项目模板。Vue CLI 提供了强大的功能，用于定制新项目、配置原型、添加插件和检查 webpack 配置。@vue/cli 3.x 版本可以通过 vue create 命令快速创建一个新项目的脚手架，不需要像 vue 2.x 那样借助于 webpack 来构建项目。

7.1.1 安装前的注意事项

在安装 Vue CLI 之前，需要安装一些必要的工具，如 Node.js，读者可以参考第 1 章讲解的 Node.js 的安装步骤和基本使用，在这里不再多加赘述。

Vue CLI 3.x 版本的包名称由 vue-cli（旧版）改成了 @vue/cli（新版），如果已经全局安装了旧版的 vue-cli（1.x 或 2.x），需要通过如下命令进行卸载：

```
npm uninstall vue-cli -g
```

另外，如果 vue-cli 是通过 yarn 命令安装的，则需要使用 yarn global remove vue-cli 命令卸载。将旧版本卸载完成后，再重新安装新版的 @vue/cli。

7.1.2 全局安装 @vue/cli

打开命令行工具，通过 npm 方式全局安装 @vue/cli 脚手架，具体命令如下：

```
npm install @vue/cli@3.10 -g
```

安装完成后，为了检测是否安装成功，使用如下命令来查看 vue-cli 的版本号：

```
vue -V    （或 vue --version）
```

上述命令运行后，结果如下所示：

```
C:\vue>vue -V
3.10.0
```

从上述结果可以看出，当前版本号为 3.10.0。安装成功后就可以使用 vue create 命令来创建 Vue 项目了。

7.1.3 使用 vue create 命令创建项目

打开命令行工具，使用 vue create 命令创建项目，它会自动创建一个新的文件夹，并将所需的文件、目录、配置和依赖都准备好。在命令行中切换到 C:\vue\chapter07 目录，创建一个名称为 hello-vue 的项目，具体命令如下：

```
vue create hello-vue
```

需要注意的是，如果在 Windows 上通过 MinTTY 使用 git-bash，交互提示符会不起作用，为了解决这个问题，需要用 winpty 来执行 vue 命令。为了方便使用，可以在 git-bash 安装目录下找到 etc\bash.bashrc 文件，在文件末尾添加以下代码：

```
alias vue='winpty vue.cmd'
```

上述代码表示将 vue 命令变成一个别名，实际执行的命令为 winpty vue.cmd。

保存文件后，重新启动 git-bash，然后重新执行 vue create hello-vue，结果如下：

```
Vue CLI v3.10.0
? Please pick a preset: (Use arrow keys)
> default (babel, eslint)
  Manually select features
```

在上述结果中，Vue CLI 提示用户选取一个 preset（预设），default 是默认项，包含基本的 babel+eslint 设置，适合快速创建一个新项目；Manually select features 表示手动配置，提供可供选择的 npm 包，更适合面向生产的项目，在实际工作中推荐使用这种方式。

选择手动配置后，会出现如下选项：

```
? Check the features needed for your project: (Press <space> to select,
  <a> to toggle all, <i> to invert selection)
>(*) Babel
```

```
( ) TypeScript
( ) Progressive Web App (PWA) Support
( ) Router
( ) Vuex
( ) CSS Pre-processors
(*) Linter / Formatter
( ) Unit Testing
( ) E2E Testing
```

根据提示信息可知，按空格键可以选择某一项，a 键全选，i 键反选。下面我们来对这些选项的作用进行解释，具体如下。

- Babel：Babel 配置（Babel 是一种 JavaScript 语法的编译器）。
- TypeScript：一种编程语言。
- Progressive Web App（PWA）Support：渐进式 Web 应用支持。
- Router：vue-router。
- Vuex：Vue 状态管理模式。
- CSS Pre-processors：CSS 预处理器。
- Linter / Formatter：代码风格检查和格式化。
- Unit Testing：单元测试。
- E2E Testing：端到端（end-to-end）测试。

在选择需要的选项后，程序还会询问一些详细的配置，读者可以根据需要来选择，也可以全部使用默认值。

项目创建完成后，执行如下命令进入项目目录，启动项目：

```
cd hello-vue
npm run serve
```

项目启动后，会默认启动一个本地服务，如下所示：

```
 App running at:
 - Local:   http://localhost:8080/
```

在浏览器中打开 http://localhost:8080，页面效果如图 7-1 所示。

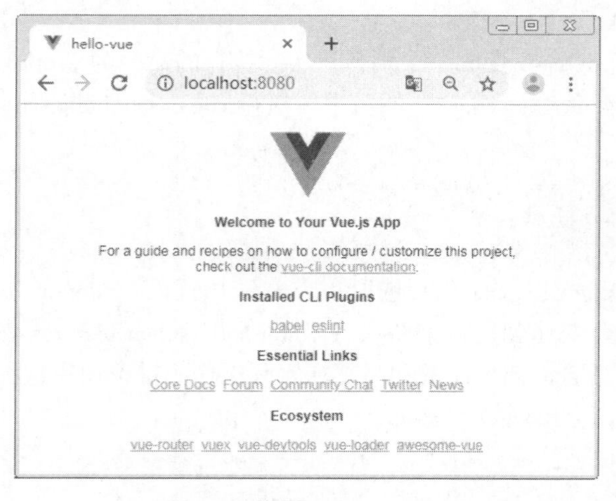

图 7-1 执行 npm run serve

7.1.4　使用 GUI 创建项目

Vue CLI 引入了图形用户界面（GUI）来创建和管理项目，功能十分强大，给初学者提供了便利，可以快速搭建一个 Vue 项目。在命令行中切换到 C:\vue\chapter07 目录，新建一个名称为 vue-ui 的项目目录，具体命令如下：

```
mkdir vue-ui
```

执行 cd vue-ui 命令进入目录中，执行如下命令来创建项目：

```
vue ui
```

上述命令执行后，会默认启动一个本地服务，如下所示：

```
Starting GUI...
Ready on http://localhost:8000
```

在浏览器中打开 http://localhost:8000，页面效果如图 7-2 所示。

图 7-2　Vue 项目管理器

图 7-2 所示的界面类似于一个控制台，以图形化的界面引导开发者去进行项目的创建，根据项目的需求去手动创建并选择配置。界面顶部有 3 个导航，表示的含义如下。

- 项目：项目列表，展示使用此工具生成过的项目。
- 创建：创建新的 Vue 项目。
- 导入：允许从目录或者远程 GitHub 仓库导入项目。

在屏幕底部的状态栏上，可以看到当前目录的路径，单击水滴状图标按钮可以更改页面的主题（默认主题为白色）。

单击顶部导航栏的“创建”选项，然后单击“在此创建项目”按钮，会进入一个创建新项目的页面，让用户填写项目名、选择包管理器、初始化 Git 仓库，如图 7-3 所示。

在项目名中输入“hello”，单击“下一步”按钮，进入“预设”选项卡，选择创建模式，如图 7-4 所示。

在图 7-4 所示界面中选择“手动”单选项，就会让用户选择需要使用的库和插件，如 Babel、Vuex、Router 等，如图 7-5 所示。

接下来，会进入到插件的具体配置，根据页面中的提示配置完成后，单击“创建项目”按钮，会弹出一个窗口，提示配置自定义预设名，以便在下次创建项目时可以直接使用已保存的这套配置，如图 7-6 所示。

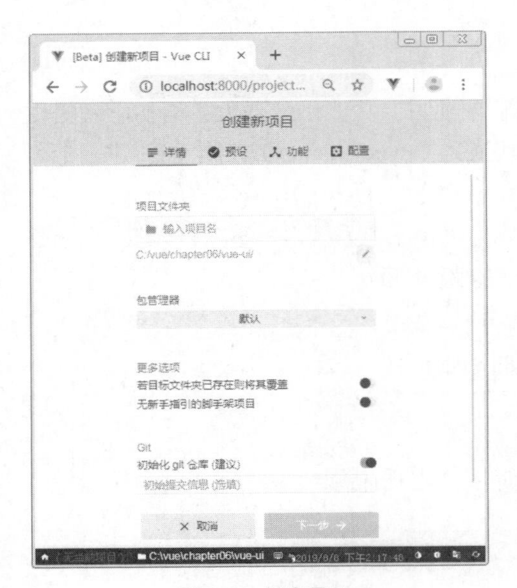

图 7-3　创建项目

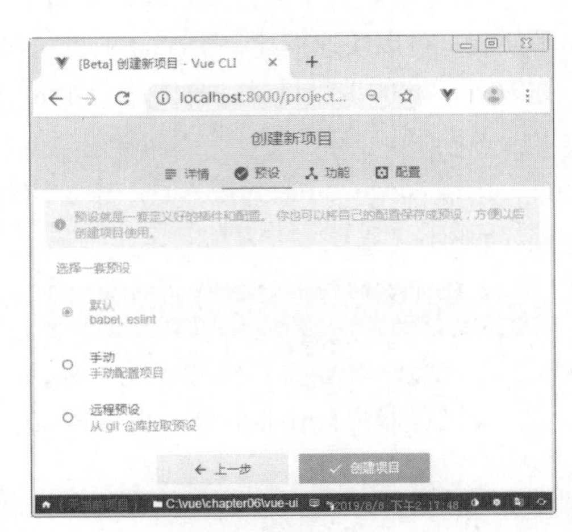

图 7-4　创建模式

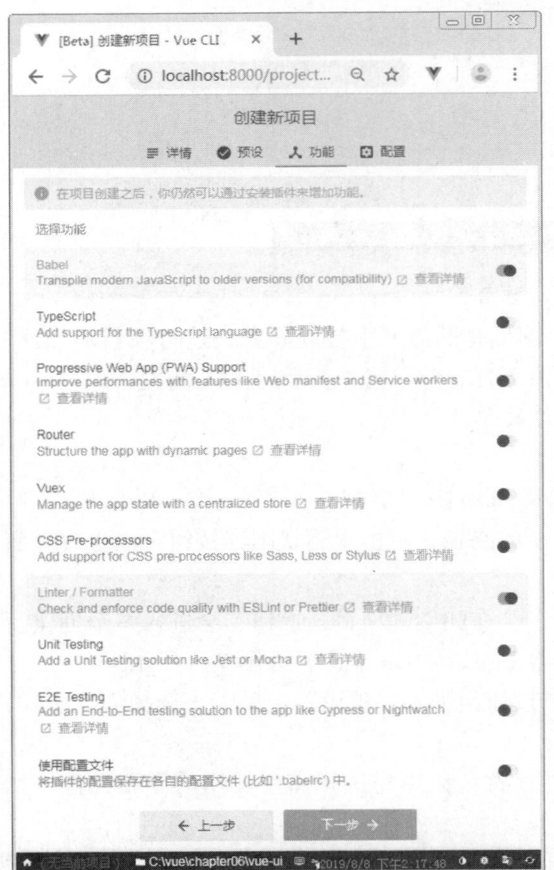

图 7-5　常用插件和库

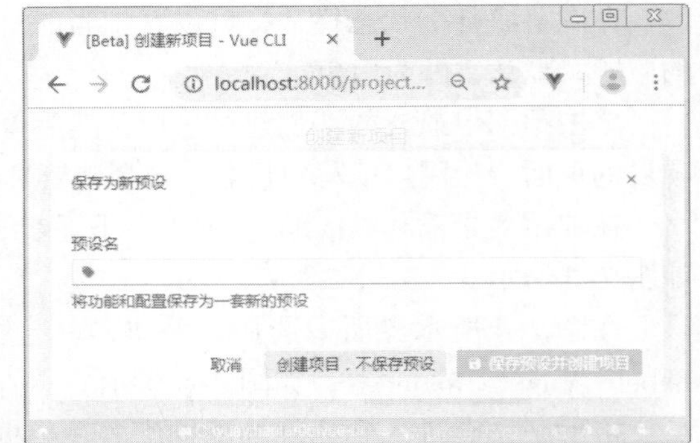

图 7-6　保存新预设

项目创建完成后，就会进入到项目仪表盘页面，如图 7-7 所示。

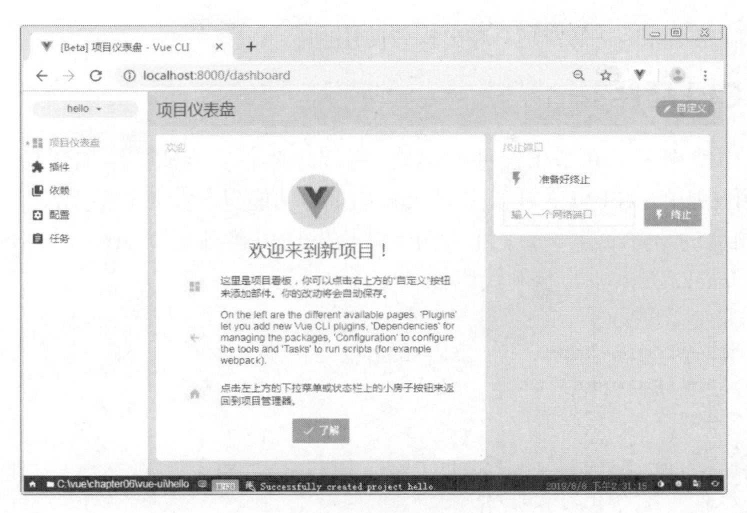

图 7–7　项目仪表盘

图 7–7 所示界面中，左侧的 4 个菜单项表示的含义如下。

- 插件：可以查看项目中已安装的插件，或者进行插件的升级。
- 依赖：可以查看项目中已安装的依赖。
- 配置：对已安装的插件配置进行管理。
- 任务：各种可运行的命令，例如打包、本地调试等。

在菜单中单击“任务”，查看可以进行的任务，如图 7–8 所示。

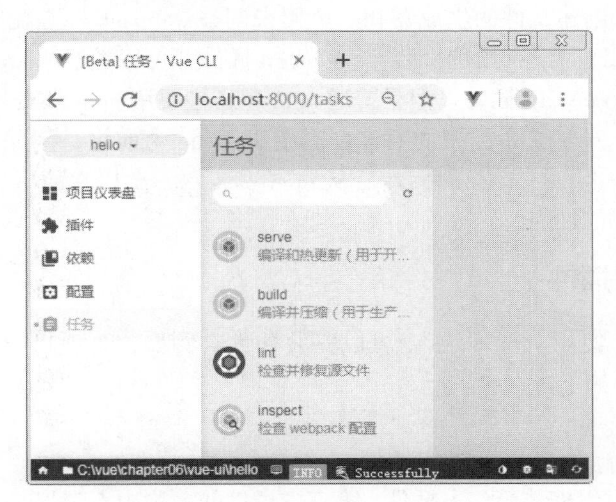

图 7–8　任务

在图 7–8 所示界面中，执行 serve 可以启动项目，相当于执行 npm run serve 命令。启动项目后，在浏览器中访问 http://localhost:8080，效果与图 7–1 相同。

7.2　插件

Vue 中插件的功能非常强大，给项目开发者提供了方便，提高了开发效率。本节介绍

Vue CLI 中的 CLI 插件和第三方插件的安装与使用。

7.2.1 CLI 插件

在 Vue CLI 中使用了一套基于插件的架构，将部分核心功能插件添加到脚手架 Vue CLI 中，为开发者暴露可拓展的 API 以供开发者对 Vue CLI 的功能进行灵活的使用。

以新创建项目的 package.json 文件为例，就会发现依赖都是以 @vue/cli-plugin- 、插件名称等来命名的。package.json 的示例代码如下：

```
"devDependencies": {
    "@vue/cli-plugin-babel": "^3.10.0",
    "@vue/cli-plugin-eslint": "^3.1 0.0",
    "@vue/cli-service": "^3.10.0",
    "babel-eslint": "^10.0.1",
    "eslint": "^5.16.0",
    "eslint-plugin-vue": "^5.0.0",
    "vue-template-compiler": "^2.6.10"
  },
```

上述代码中，以“@vue/cli-plugin-”开头的表示内置插件。另外，使用 vue ui 命令也可以在 GUI 中进行插件的安装和管理。

CLI 插件是向 Vue 项目提供可选功能的 npm 包，如 Babel/TypeScript 转译、ESLint 集成、单元测试和 end-to-end 测试等。

CLI 插件可以预先设定好，使用脚手架进行项目创建时进行预设配置选择，每个 CLI 插件都会包含一个用来创建文件的生成器和一个用来调整 webpack 核心配置和注入命令的运行时插件。假如项目创建时没有预选安装 @vue/eslint 插件，可以通过 vue add 命令去安装。vue add 用来安装和调用 Vue CLI 插件，但是普通 npm 包还是要用 npm 来安装。

需要注意的是，对于 CLI 类型的插件，需要以 @vue 为前缀。例如，@vue/eslint 解析为完整的包名是 @vue/cli-plugin-eslint，然后从 npm 安装它，调用它的生成器。该命令等价于 vue add @vue/cli-plugin-eslint。

7.2.2 安装插件

在项目目录下，使用 vue add 指令可以安装插件。例如，为项目安装 vue-router 插件和 vuex 插件，具体命令如下：

```
vue add router
vue add vuex
```

使用 vue add 还可以安装第三方插件。第三方插件的名称中不带“@vue/”前缀。在命名时，以 @ 开头的包名称为 scope 范围包，不以 @ 开头的包的名称为 unscoped 非范围包，第三方插件就是属于 unscoped 的包。

接下来我们来演示第三方插件 vuetify（一个 UI 库，不属于 Vue CLI 类型的插件）的安装。切换到 C:\vue\chapter07\vue-ui\hello 目录，执行如下命令安装插件：

```
vue add vuetify
```

执行上述命令之后，程序会提示安装选项，使用默认值即可。

安装完成后，会在 src 目录里创建一个 plugins 目录，里面会自动生成关于插件的配置文件。

打开 plugins\vuetify.js 文件，示例代码如下：

```
1  import Vue from 'vue';
2  import Vuetify from 'vuetify/lib';
3
4  Vue.use(Vuetify);
5
6  export default new Vuetify({
7    icons: {
8      iconfont: 'mdi',
9    },
10 });
```

小提示：

在使用 git 进行代码管理时，推荐在运行 vue add 之前将项目的最新状态提交，因为该命令可能调用插件的文件生成器，并且很有可能更改现有的文件。

7.3　CLI 服务和配置文件

7.3.1　CLI 服务

在 Vue 项目中需要使用 npm run serve 指令来启动项目，其中的 serve 的内容指的就是 vue-cli-service(CLI 服务) 命令，项目的启动需要借助于 vue-cli-service 来完成。

新建项目后，可以在 package.json 的 script 字段里面找到如下代码：

```
1  "scripts": {
2    "serve": "vue-cli-service serve",
3    "build": "vue-cli-service build",
4    "lint": "vue-cli-service lint"
5  },
```

上述代码中，scripts 中包含了 serve、build 和 lint，当执行 npm run serve 时，实际执行的就是第 2 行的 vue-cli-service serve 命令。

在项目目录下使用 npx 命令可以运行 vue-cli-service，如下所示：

```
npx vue-cli-service
```

运行 vue-cli-service 后，程序会在控制台中输出可用选项的帮助说明，如下所示：

```
Usage: vue-cli-service <command> [options]
Commands:
  serve      start development server         启动服务
  build      build for production             生成用于生产环境的包
  inspect    inspect internal webpack config  审查 webpack 配置
  lint      lint and fix source files         lint 并修复源文件
```

执行 vue-cli-service serve 命令后，会启动一个开发服务器（基于 webpack-dev-server）并附带开箱即用的模块热重载（Hot-Module-Replacement）。

执行 vue-cli-service build 命令后，会在 dist 目录生成一个可用于生产环境的包，带有压缩后的 JavaScript、CSS、HTML 文件，和为更好地缓存而做的 vendor chunk 拆分，它的 chunk manifest(块清单) 会内联在 HTML 中。

vue-cli-service serve 命令的用法及包含的选项如下所示：

```
npx vue-cli-service help serve
Usage: vue-cli-service serve [options]
Options:
  --open      在服务器启动时打开浏览器
  --copy      在服务器启动时将 URL 复制到剪切板
  --mode      指定环境模式 （默认值：development)
  --host      指定 host （默认值：0.0.0.0)
  --port      指定 port （默认值：8080)
  --https     使用 https （默认值：false)
```

vue-cli-service build 命令的用法及包含的选项如下所示：

```
Usage: vue-cli-service build [options] [entry|pattern]
Options:
  --mode            指定环境模式 （默认值：production)
  --dest            指定输出目录 （默认值：dist)
  --modern          面向现代浏览器带自动回退地构建应用
  --target          app | lib | wc | wc-async （默认值：app)
  --name            库或 Web Components 模式下的名字
                    （默认值：package.json 中的 "name" 字段或入口文件名）
  --no-clean        在构建项目之前不清除目标目录
  --report          生成 report.html 以帮助分析包内容
  --report-json     生成 report.json 以帮助分析包内容
  --watch           监听文件变化
```

在上述选项中，“--modern”使用现代模式构建应用，为现代浏览器交付原生支持的 ES 2015 代码，并生成一个兼容旧浏览器的包用来自动回退。“--target”允许将项目中的任何组件以一个库或 Web Components 组件的方式进行构建。“--report 和 --report-json”会根据构建统计生成报告，帮助用户分析包中包含的模块们的大小。

7.3.2 配置文件

vue-cli3 引入了全局配置文件的功能，如果项目的根目录中存在 vue.config.js 文件，就会被 @vue/cli-service 模块自动加载。因此，vue.config.js 是一个可选的配置文件。

下面我们演示 vue.config.js 的简单使用，详细配置说明请参考 Vue CLI 官方文档。

```
1  module.exports = {
2    publicPath: '/',          // 根目录
3    outputDir: 'dist',        // 默认 dist 构建输出目录
4    lintOnSave: true,         // 是否开启 eslint 保存检测，有效值：true,false,'error'
5    runtimecompiler: false,          // 运行时版本是否需要编译
6    chainWebpack: () => {},          // webpack 配置
7    configureWebpack: () => {},      // webpack 配置
8    vueLoader: {},                   // vue-loader 配置项
9    productionSourceMap: true,       // 生产环境是否生成 SourceMap 文件
10   css: {                           // 配置高于 chainWebpack 中关于 css loader 的相关配置
11     extract: true,                 // 是否使用 css 分离插件 ExtractTextPlugin
12     sourceMap: false,              // 开启 CSS source maps，默认为 false
```

```
13     loaderOptions: {},              // CSS 预设器配置项
14     modules: false                  // 为所有 CSS 预处理文件启用 CSS 模块
15   },
16   parallel: require('os').cpus().length > 1,// 构建时开启多进程处理 babel 编译
17   dll: false,                       // 是否启用 dll
18   pwa: {},                          // PWA 插件相关配置
19   devServer: {…},                   // webpack-dev-server 相关配置
20   pluginOptions: {                  // 第三方插件配置
21     // …
22   }
23 }
```

上述代码中，第 4 行开启了 eslint 保存检测，如果想要在生产构建时禁用 eslint-loader，可以改为如下配置 :

```
lintOnSave: process.env.NODE_ENV !== 'production'
```

第 19 行的 devServer 中的字段是 webpack-dev-server 的相关配置，可用于以各种方式更改其行为。例如，devServer.before 提供在服务器内部的所有其他中间件之前执行自定义中间件的能力，这可用于定义自定义处理程序。

下面我们通过例 7-1 演示如何配置 devServer 的 before 函数请求本地接口数据。

【例 7-1】

（1）打开 7.1.3 节创建的 C:\vue\chapter07\hello-vue 项目，创建 data 目录，然后在 data 目录中创建 goods.json 文件，存放一些测试数据，具体代码如下 :

```
1  {
2    "last_id": 0,
3    "list": [{
4      "order_id": "1",
5      "foods": [{
6        "name": "鲜枣馍",
7        "describe": "等 4 件商品",
8        "price": "12.00",
9        "date": "2017-07-14",
10       "time": "11:30",
11       "money": 48
12     }],
13     "taken": false
14   },
15   {
16     "order_id": "1",
17     "foods": [{
18       "name": "芝士火腿包",
19       "describe": "等 2 件商品",
20       "price": "14.00",
21       "date": "2017-07-16",
22       "time": "12:30",
23       "money": 28
24     }],
25     "taken": true
26   }]
27 }
```

（2）创建 C:\vue\chapter07\hello-vue\vue.config.js 文件，具体代码如下：

```
// 导入 goods.json 文件
const goods = require('./data/goods.json')
module.exports = {
  devServer: {
    port: 8081,     // 修改端口号
    open: true,     // 自动启动浏览器
    before: app => {
      // 请求接口地址 http://localhost:8081/api/goods
      app.get('/api/goods', (req, res) => {
        res.json(goods)
      })
    }
  }
}
```

（3）保存上述代码，执行 npm run serve 命令，启动项目。

（4）在浏览器中访问 http://localhost:8081/api/goods，运行结果如图 7-9 所示。

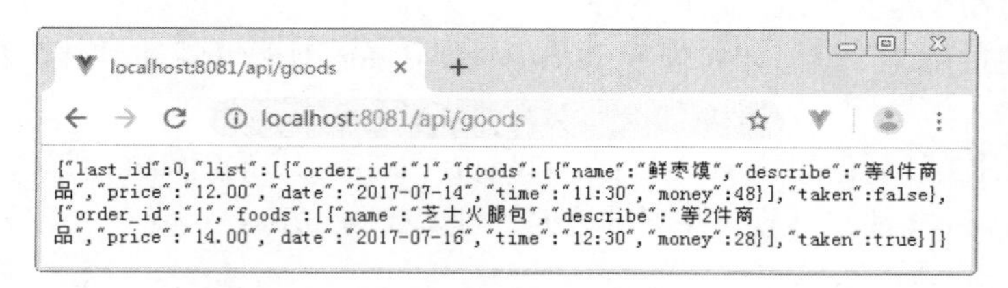

图 7-9　本地数据请求

7.3.3 配置多页应用

使用 Vue CLI 脚手架创建的 Vue 项目一般都是 SPA 单页面应用，但是在一些特殊的场景下，如一套系统的管理端和客户端分为不同的页面应用，或者一个程序中可以访问不同的页面，但是这些页面之间有共用的部分，像这类多个页面模块之间相互独立的情况，就需要构建多页面应用。

Vue CLI 支持使用 vue.config.js 中的 pages 选项构建一个多页的应用，构建好的应用将会在不同的入口之间高效共享通用的 chunk（组块），以获得最佳的加载性能。

下面我们来对比一下单页应用（SPA）和多页应用（MPA）的区别，如表 7-1 所示。

表 7-1　对比 SPA 和 MPA

对比项	单页应用（SPA）	多页应用（MPA）
应用结构	一个外壳页面和多个组件（页面片段）构成	由多个完整页面构成
跳转方式	页面片段之间的跳转是把一个页面片段删除或隐藏，加载另一个页面片段并显示出来。这是片段之间的模拟跳转，并没有打开新页面	页面之间的跳转是从一个页面跳转到另一个页面
跳转后公共资源是否重新加载	否，局部刷新	是，整页刷新

续表

对比项	单页应用（SPA）	多页应用（MPA）
页面间数据传递	因为是在一个页面内，所以传递数据比较容易	依赖 URL、Cookie、localStorage，实现起来麻烦
用户体验	页面片段间的切换快，用户体验好	页面间切换加载慢，不流畅，用户体验差，特别是在移动设备上
能否实现转场动画	容易实现	无法实现
SEO	需要单独方案做，有些麻烦	可以直接做
适用的范围	对体验要求高的应用，特别是移动应用	需要对 SEO 友好的网站

了解了单页应用和多页应用的区别后，下面我们以案例的方式学习多页面应用在项目中的使用，如例 7-2 所示。

【例 7-2】

（1）编写 C:\vue\chapter07\hello-vue\vue.config.js 文件，具体代码如下：

```
1  module.exports = {
2    pages: {
3      index: {
4        entry: 'src/index/main.js',     // 页面的入口文件
5        template: 'public/index.html', // 页面的模板文件
6        filename: 'index.html' // build 生成的文件名称  例：dist/index.html
7      },
8      // 输出文件名会默认输出为 subpage.html
9      subpage: 'src/subpage/main.js'
10   }
11 }
```

上述代码中，第 9 行在 subpage 中只配置了入口文件。在访问该页面时，template 默认会去找 public/subpage.html 页面，如果找不到会使用 public/index.html 文件。

（2）执行如下命令，为项目安装 router 和 vuex：

```
vue add router
vue add vuex
```

在安装 router 时，程序会询问是否开启 history 模式，选择否。

（3）创建多页面应用相关的文件。在 src 目录下创建 index 目录，把 assets、views、App.vue、main.js、router 移动到 index 目录中。此时 index 的文件结构如下所示。

- assets：存放图片资源。
- views：存放 About.vue、Home.vue。
- App.vue：页面渲染组件。
- main.js：页面主入口文件。
- router：存放路由文件。

（4）修改 src\index\main.js 文件，将 store 的路径改为上级目录，如下所示：

```
import store from '../store'
```

（5）创建 src\subpage 目录，把 src\index 目录下的文件复制到 subpage 目录中。

（6）修改 src\store\index.js 文件，存放 tip 数据，示例代码如下：

```
1  import Vue from 'vue'
2  import Vuex from 'vuex'
3  Vue.use(Vuex)
4  export default new Vuex.Store({
5    state: {
6      tip: '页面测试'
7    },
8    mutations: {},
9    actions: {}
10 })
```

（7）修改 index\views\Home.vue 文件中的 JavaScript 代码，具体代码如下：

```
1  import HelloWorld from '@/components/HelloWorld.vue'
2  export default {
3    name: 'home',
4    components: {
5      HelloWorld
6    },
7    mounted () {
8      window.console.log('这个是默认页面的主页：' + this.$store.state.tip)
9    }
10 }
```

（8）修改 subpage\views\Home.vue 文件中的 JavaScript 代码，示例代码如下：

```
1  import HelloWorld from '@/components/HelloWorld.vue'
2  export default {
3    name: 'home',
4    components: {
5      HelloWorld
6    },
7    mounted () {
8      window.console.log('这个是多页面测试的主页：' + this.$store.state.tip)
9    }
10 }
```

（9）执行 npm run serve 命令启动项目。

（10）在浏览器中访问 http://localhost:8080，运行结果如图 7-10 所示。

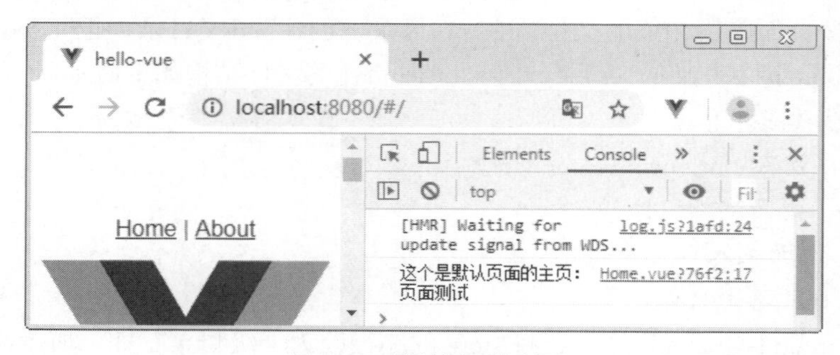

图 7-10　默认页面的主页

（11）打开 http://localhost:8080/subpage.html，运行结果如图 7-11 所示。

图 7-11　多页面的主页

7.4　环境变量和模式

7.4.1　环境变量

在一个项目的开发过程中，一般都会经历本地开发、代码测试、开发自测、环境测试、预上线环境，最后才能发布线上正式版本。在这个过程中，每个环境可能都会有所差异，如服务器地址、接口地址等，在各个环境之间切换时，需要不同的配置参数。所以为了方便管理，在 Vue CLI 中可以为不同的环境配置不同的环境变量。

Vue CLI 3 构建的项目目录中，移除了 config 和 build 这两个配置文件，并在项目根目录中定义了 4 个文件，用来配置环境变量，具体如下。

- .env：将在所有的环境中被载入。
- .env.local：将在所有的环境中被载入，与 .env 的区别是，只会在本地生效，会被 git 忽略。
- .env.[mode]：只在指定的模式下被载入。如 .env.development 用来配置开发环境的配置。关于模式具体会在下一节中讲解。
- .env.[mode].local：只在指定的模式下被载入，与 .env.[mode] 的区别是，只会在本地生效，会被 git 忽略。

小提示：

.env.development 比一般的环境文件（例如 .env）拥有更高的优先级。除此之外，Vue CLI 启动时已经存在的环境变量拥有最高优先级，并不会被 .env 文件覆写。

下面我们来演示如何在环境变量文件中编写配置，示例代码如下：

```
1  FOO='bar'
2  VUE_APP_SECRET='secret'
3  VUE_APP_URL='urlApp'
```

上述代码中，设置好了 3 个环境变量，接下来就可以在项目中使用这两个变量了。需要注意的是，在不同的地方使用，限制也不同，如下所示。

- 在 src 目录的代码中使用环境变量时，需要以 VUE_APP_ 开头，例如，在 main.js 中控制台输出 console.log(process.env.VUE_APP_URL)，结果为 urlApp。
- 在 webpack 配置中使用，可以直接通过 process.env.XX 来使用。

7.4.2 模式

默认情况下，一个 Vue CLI 项目有 3 种模式，具体如下。

- development：用于 vue-cli-service serve，即开发环境使用。
- production：用于 vue-cli-service build 和 vue-cli-service test:e2e，即正式环境使用。
- test：用于 vue-cli-service test:unit 使用。

下面我们来演示如何配置一个自定义的模式。打开 package.json 文件，找到 scripts 部分，通过“--mode”选项来修改模式，如下所示：

```
1  "scripts": {
2    "serve": "vue-cli-service serve",
3    "build": "vue-cli-service build",
4    "lint": "vue-cli-service lint",
5    "stage": "vue-cli-service build --mode stage"
6  },
```

在上述代码中，第 5 行新增了自定义的 stage 模式，用来模拟预上线环境。

然后在项目根目录下创建 .env.stage 文件，具体代码如下：

```
1  NODE_ENV='production'
2  VUE_APP_CURRENTMODE='stage'
3  outputDir='stage'
```

在上述代码中，第 1 行的环境变量 NODE_ENV 的值为 production，表示在 Node.js 下的运行环境为生产环境，通过 process.env.NODE_ENV 可以获取这个值；第 2 行表示项目变量；第 3 行表示打包之后的文件保存目录。

然后在 vue.config.js 文件使用环境变量，指定输出目录为环境变量配置的 stage 目录，示例代码如下：

```
1  module.exports = {
2    outputDir: process.env.outputDir,
3  }
```

上述代码中，第 2 行使用 process.env.outputDir 来获取环境变量中的 outputDir 的值。

保存上述代码，执行 npm run stage 命令，就可以看到在项目根目录下生成了 stage 目录，如图 7-12 所示。

图 7-12　stage 目录

7.5 静态资源管理

在 Vue CLI 2.x 中，webpack 默认存放静态资源的目录是 static 目录，不会经过 webpack 的编译与压缩，在打包时会直接复制一份到dist目录。而Vue CLI 3.x中，提供了public目录来代替static目录，对于静态资源的处理有如下两种方式。

- 经过webpack处理：在JavaScript被导入或在template/CSS中通过相对路径被引用的资源。
- 不经过webpack处理：存放在public目录下或通过绝对路径引用的资源，这类资源将会直接被复制一份，不做编译和压缩的处理。

从以上两种方式可以看出，静态资源的处理不仅和public目录有关，也和引入方式有关。根据引入路径的不同，有如下处理规则。

- 如果URL是绝对路径，如/images/logo.png，会被保持不变。
- 如果URL以.前缀开头，会被认为是相对模块请求，根据文档目录结构进行解析。
- 如果URL以～前缀开头，其后的任何内容会被认为是模块请求，表示可以引用node_modules里的资源，如<img src="～some-npm-package/foo.png">。
- 如果URL以@开始，会被认为是模块请求，因为Vue CLI的默认别名@表示"<projectRoot>/src"（仅作用于模板中）。

在了解转换规则后，下面我们针对相对路径引入静态资源和public目录引入静态资源分别进行学习。

1. 使用相对路径引入静态资源

使用相对路径引入的静态资源文件，会被webpack解析为模块依赖。所有的.vue文件经过vue-loader的解析，会把代码分隔成多个片段，其中，template标签中的内容会被vue-html-loader解析为Vue的渲染函数，最终生成js文件，而css-loader用于将css文件打包到js中，常配合style-loader一起使用，将css文件打包并插入页面中。这种方式类似于Vue CLI 2.x版本中的assets目录。

例如，CSS背景图background: url(./logo.png)会被转换成require('./logo.png')。<img src="./logo.png">会被编译成如下代码：

```
createElement('img', { attrs: { src: require('./logo.png') }})
```

将静态资源作为模块依赖导入，它们会被webpack处理，并具有如下优势。

- 脚本和样式表会被压缩并且打包在一起，从而避免额外的网络请求。
- 如果文件丢失，会直接在编译时报错，而不是到了用户端才产生404错误。
- 最终生成的文件名包含了内容哈希，因此浏览器会缓存它们的最新版本。

2. public目录引入静态资源

保存在public目录下的静态资源不会经过webpack处理，会直接被简单复制，类似于Vue CLI 2.x版本中的static目录。在引入时，必须使用绝对路径。示例代码如下：

```
<img src="/logo.png">
```

如果应用没有部署在根目录，为了方便管理静态资源的路径，可以在vue.config.js文件中使用publicPath配置路径前缀，示例代码如下：

```
publicPath: '/abc/'
```

配置路径前缀后，在代码中使用前缀时，有如下两种使用方式。

（1）对于public/index.html文件，或者其他通过html-webpack-plugin插件用作模板的HTML文件，可以使用<%= BASE_URL%>设置路径前缀，示例代码如下：

```
<link rel="icon" href="<%= BASE_URL %>favicon.ico">
```

（2）在组件模板中，原来的路径还可以继续使用，不影响图片的正常显示。如果需要更改路径，可以向组件中传入基础 URL，示例代码如下：

```
<img :src="'${publicPath}logo.png'">
```

然后在 data 中返回 publicPath 的值，如下所示：

```
1  data () {
2    return {
3      publicPath: process.env.BASE_URL
4    }
5  }
```

在上述代码中，process.env.BASE_URL 会自动转换为 publicPath 配置的路径。经过以上处理后，图片的路径会自动处理为“/abc/logo.png”。

本章小结

本章主要讲解了 Vue CLI 脚手架工具的安装与基本使用，如何在现有项目中添加 cli 插件和第三方插件，如何在项目本地安装与使用插件，CLI 服务如何通过命令去访问，项目配置文件 vue.config.js 怎么进行全局配置，以及静态资源的处理方式。

课后习题

一、填空题

1. 对于 CLI 类型的插件，需要以________为前缀。
2. 使用 npm 包通过________命令全局安装 @vue/cli 3.x。
3. 使用________来查看 Vue 的版本号。
4. 使用 yarn 包通过________命令全局安装 @vue/cli 3.x。
5. 在 Vue CLI 3 中使用________命令来创建一个 Vue 项目。

二、判断题

1. 卸载 vue-cli 的命令是 npm uninstall vue-cli -g。（　）
2. 添加 CLI 插件的命令是 vue add vue-eslint。（　）
3. 插件不能修改 webpack 的内部配置，但是可以向 vue-cli-service 注入命令。（　）
4. Vue CLI 通过 vue ui 命令来创建图形用户界面。（　）
5. 在文件中用“key=value”（键值对）的方式来设置环境变量。（　）

三、选择题

1. 下列选项中说法正确的是（　）。

A. 新版的 Vue CLI 的包名称为 vue-cli

B. 执行 npm uninstall vue-cli -g 命令可以全局删除 vue-cli 包

C. 使用 yarn install add @vue/cli 命令可以全局安装 @vue/cli 工具

D. 通过 vue add ui 命令来创建图形用户界面

2. 关于 CLI 服务，下列选项说法错误的是（　　）。

A. 在 @vue/cli-service 中安装了一个名为 vue-cli-service 的命令

B. vue.config.js 是一个可选的配置文件

C. 通过 npx vue-cli-service helps 查看所有的可用命令

D. 通过 vue ui 使用 GUI 图形用户界面来运行更多的特性脚本

3. 下列选项中说法正确的是（　　）。

A. 使用相对路径引入的静态资源文件，会被 webpack 处理解析为模块依赖

B. 放在 public 文件夹下的资源将会经过 webpack 的处理

C. 通过绝对路径被引用的资源将会经过 webpack 的处理

D. URL 以～开始，会被认为是模块请求

四、简答题

1. 简述如何安装 Vue CLI 3.x 版本的脚手架。

2. 简述如何在现有项目中安装 CLI 插件和第三方插件。

3. 简单介绍 CLI 服务 vue-cli-service <command> 中的 command 命令包括哪些。

五、编程题

1. 简单描述 Vue CLI 3 安装的过程。

2. 简单描述使用 Vue CLI 3 创建项目的步骤。

第8章

服务器端渲染

服务器端渲染（Server Side Rendering，SSR），简单理解就是将页面在服务器中完成渲染，然后在客户端直接展示。服务器渲染的 Vue 应用程序被认为是“同构”或“通用”，因为应用程序的大部分代码都可以在服务器和客户端上运行。那么在什么情况下会使用服务器端渲染，以及如何实现服务器端渲染呢？接下来，我们将会进行详细讲解。

教学导航

学习目标	1. 理解客户端渲染和服务器端渲染的区别 2. 理解服务器端渲染的优点和不足 3. 掌握服务器端渲染的基本实现方法 4. 了解如何利用 webpack 搭建服务器端渲染
教学方式	本章主要以概念讲解、操作实践为主
重点知识	服务器端渲染的实现
关键词	服务器端渲染、客户端渲染、SSR、vue-server-renderer

8.1 初识服务器端渲染

服务器端渲染，顾名思义就是将页面或者组件通过服务器生成 HTML 字符串，将它们直接发送到浏览器，最后将静态标记“混合”为客户端上完全交互的应用程序。本节将对服务器端渲染的基本概念和注意事项进行详细讲解。

8.1.1 客户端渲染与服务器端渲染的区别

1. 客户端渲染

客户端渲染，即传统的单页面应用（SPA）模式，Vue.js 构建的应用程序默认情况下是一个 HTML 模板页面，只有一个 id 为 app 的 <div> 根容器，然后通过 webpack 打包生成 css、js 等资源文件，浏览器加载、解析来渲染 HTML。

在客户端渲染时，一般使用的是 webpack-dev-server 插件，它可以帮助用户自动开启一个服务器端，主要作用是监控代码并打包，也可以配合 webpack-hot-middleware 来进行热更替（HMR），这样能提高开发效率。

小提示：

webpack-dev-middleware 一般和 webpack-hot-middleware 配套使用。前者是一个 express 中间件，主要实现两种效果，一是提交编译读取速度，二是监听 watch 变化，完成动态编译。虽然完成了监听变化并动态编译，但是在浏览器上不能动态刷新。webpack-hot-middleware 弥补了这一不足之处，实现了浏览器的动态刷新。

在 webpack 中使用模块热替换（HMR），能够使得应用在运行时无须开发者重新运行 npm run dev 命令来刷新页面便能更新更改的模块，并且将效果及时展示出来，这极大地提高了开发效率。

2. 服务器端渲染

Vue 进行服务器端渲染时，需要利用 Node.js 搭建一个服务器，并添加服务器端渲染的代码逻辑。使用 webpack-dev-middleware 中间件对更改的文件进行监控，使用 webpack-hot-middleware 中间件进行页面的热更新，使用 vue-server-renderer 插件来渲染服务器端打包的 bundle 文件到客户端。

3. 服务器端渲染的优点

如果网站对 SEO（搜索引擎优化）要求比较高，页面又是通过异步来获取内容，则需要使用服务器渲染来解决此问题。

服务器端渲染相对于传统的 SPA（单页面应用）来说，主要有以下优势。

（1）利于 SEO

Vue SSR 利用 Node.js 搭建页面渲染服务，在服务端完成页面的渲染（把以前需要在客户端完成的页面渲染放在服务器端来完成），便于输出 SEO 更友好的页面。

（2）首屏渲染速度快

在前后端分离的项目中，前端部分需要先加载静态资源，再采用异步的方式去获取数据，最后来渲染页面。其中，在获取静态资源和异步获取数据阶段，页面上是没有数据的，这将会影响首屏的渲染速度和用户体验。

而使用服务器端渲染的项目，特别是对于缓慢的网络情况或运行缓慢的设备来说，无须等待所有的 JavaScript 都完成下载并执行，才会显示服务器渲染的标记，这使得用户将会更快速地看到完整渲染的页面，将会大大提升用户体验。

4. 服务器端渲染的不足

虽然服务器端渲染有首屏加载速度快和有利于 SEO 的优点，但是在使用服务器端渲染的时候，还需要注意以下两点事项。

（1）服务器端压力增加

服务器端渲染需要在 Node.js 中渲染完整的应用程序，这会大量占用 CPU 资源。如果在高流量的环境下使用，建议利用缓存来降低服务器负载。

（2）涉及构建设置和部署的要求

单页面应用程序可以部署在任何静态文件服务器上，而服务器端渲染应用程序，需要运行在 Node.js 服务器环境。

8.1.2 服务器端渲染的注意事项

1. 版本要求

Vue 2.3.0+ 版本的服务器端渲染（SSR），要求 vue-server-renderer（服务端渲染插件）的

版本要与 Vue 版本相匹配。需要的最低 Vue 相关插件版本如下。

- vue & vue-server-renderer 2.3.0+
- vue-router 2.5.0+
- vue-loader 12.0.0+ & vue-style-loader 3.0.0+

2. 路由模式

Vue 有两种路由模式，一种是 hash（哈希）模式，在地址栏 URL 中会自带 # 号，例如 http://localhost/#/login，#/login 就是 hash 值。需要注意的是，虽然 hash 模式会出现在 URL 中，但不会被包含在 HTTP 请求中，改变 hash 不会重新加载页面。

另一种路由模式是 history 模式，与 hash 模式不同的是，URL 中不会自带 # 号，看起来比较美观，如 http://localhost/login。history 模式利用 history.pushState API 来完成 URL 跳转而无须重新加载页面。由于 hash 模式的路由提交不到服务器上，因此服务器端渲染的路由需要使用 history 模式。

8.2 服务器端渲染的简单实现

服务端渲染的实现，通常有 3 种方式，第 1 种是手动进行项目的简单搭建，第 2 种是使用 Vue CLI 3 脚手架进行搭建，第 3 种是利用一些成熟框架来搭建（如 Nuxt.js）。本节讲解第 1 种方式，带领读者手动搭建项目实现简单的服务器端渲染。

8.2.1 创建 vue-ssr 项目

在 C:\vue\chapter08 目录中，使用命令行工具创建一个 vue-ssr 项目，具体命令如下：

```
mkdir vue-ssr
cd vue-ssr
npm init -y
```

执行上述命令后，会在 vue-ssr 目录下生成一个 package.json 文件。

在 Vue 中使用服务器端渲染，需要借助 Vue 的扩展模块 vue-server-renderer。下面我们在 vue-ssr 项目中使用 npm 来安装 vue-server-renderer，具体命令如下：

```
npm install vue@2.6.x vue-server-renderer@2.6.x --save
```

vue-server-renderer 是 Vue 中处理服务器加载的一个模块，给 Vue 提供在 Node.js 服务器端渲染的功能。vue-server-renderer 依赖一些 Node.js 原生模块，所以目前只能在 Node.js 中使用。

8.2.2 渲染 Vue 实例

将 vue-server-renderer 安装完成后，创建服务器脚本文件 test.js，实现将 Vue 实例的渲染结果输出到控制台中，具体代码如下：

```
1  // ① 创建一个 Vue 实例
2  const Vue = require('vue')
3  const app = new Vue({
4    template: '<div>SSR的简单使用</div>'
5  })
```

```
6  // ② 创建一个 renderer 实例
7  const renderer = require('vue-server-renderer').createRenderer()
8  // ③ 将 Vue 实例渲染为 HTML
9  renderer.renderToString(app, (err, html) => {
10   if (err) {
11     throw err
12   }
13   console.log(html)
14 })
```

在命令行中执行 node test.js，运行结果如下所示：

```
<div data-server-rendered="true">SSR 的简单使用 </div>
```

从上述结果可以看出，在 <div> 标签中添加了一个特殊的属性 data-server-rendered，该属性是告诉客户端的 Vue 这个标签是由服务器渲染的。

8.2.3 Express 搭建 SSR

Express 是一个基于 Node.js 平台的 Web 应用开发框架，用来快速开发 Web 应用。下面我们将会讲解如何在 Express 框架中实现 SSR，具体步骤如下。

（1）在 vue-ssr 项目中执行如下命令，安装 Express 框架：

```
npm install express@4.17.x --save
```

（2）创建 template.html 文件，编写模板页面，具体代码如下：

```
1  <!DOCTYPE html>
2  <html>
3    <head><title>Hello</title></head>
4    <body>
5      <!--vue-ssr-outlet-->
6    </body>
7  </html>
```

上述代码中，第 5 行的注释是 HTML 注入的地方，该注释不能删除，否则会报错。

（3）在项目目录下创建 server.js 文件，具体代码如下：

```
1  // ① 导入 Vue
2  const Vue = require('vue')
3  const server = require('express')()
4  // ② 读取模板
5  const renderer = require('vue-server-renderer').createRenderer({
6    template: require('fs').readFileSync('./template.html', 'utf-8')
7  })
8  // ③ 处理 GET 方式请求
9  server.get('*', (req, res) => {
10   res.set({'Content-Type': 'text/html; charset=utf-8'})
11   const vm = new Vue({
12     data: {
13       title: ' 当前位置 ',
14       url: req.url
15     },
16     template: '<div>{{title}} : {{url}}</div>',
17   })
```

```
18   // ④ 将 Vue 实例渲染为 HTML 后输出
19   renderer.renderToString(vm, (err, html) => {
20     if (err) {
21       res.status(500).end('err: ' + err)
22       return
23     }
24     res.end(html)
25   })
26 })
27 server.listen(8080, function () {
28   console.log('server started at localhost:8080')
29 })
```

上述代码中，第 6 行传入了 template.html 文件的路径，在渲染时会以 template.html 作为基础模板；第 10 行设置响应的 Content-Type 为 text/html，字符集为 UTF-8；第 11 ～ 16 行创建了 Vue 实例；第 19 行调用 renderer.renderToString() 方法来渲染生成 HTML，成功之后在第 24 行调用 res.end() 方法将 HTML 结果发送给浏览器。

（4）执行如下命令，启动服务器：

```
node server.js
```

上述命令执行后，在浏览器中访问 http://localhost:8080，结果如图 8-1 所示。

在浏览器中查看源代码，如图 8-2 所示。

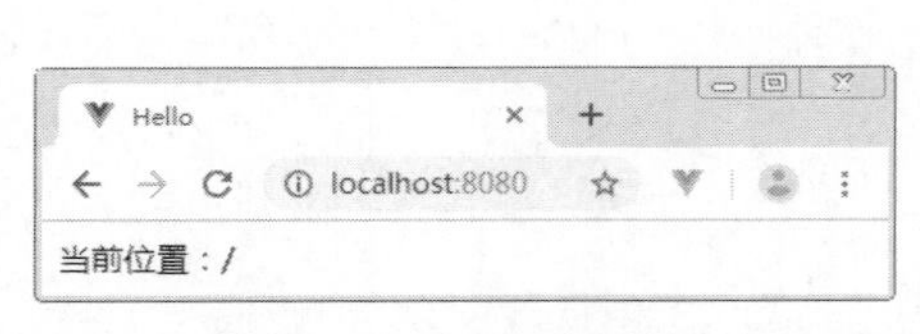

图 8-1　Express 搭建 SSR

图 8-2　浏览器输出结果

在图 8-2 中，可以看到 data-server-rendered 的值为 true，说明当前页面已经是服务器端渲染后的结果。

8.2.4　Koa 搭建 SSR

Koa 是一个基于 Node.js 平台的 Web 开发框架，致力于成为 Web 应用和 API 开发领域更富有表现力的技术框架。Koa 能帮助开发者快速地编写服务器端应用程序，通过 async 函数很好地处理异步的逻辑，有力地增强错误处理。下面我们讲解如何在 Koa 中搭建 SSR。

（1）在 vue-ssr 项目中安装 Koa，具体命令如下：

```
npm install koa@2.8.x --save
```

（2）创建 koa.js 文件，编写服务器端逻辑代码，具体代码如下：

```
1 // ① 创建 vue 实例
2 const Vue = require('vue')
3 const Koa = require('koa')
4 const app = new Koa()
5 // ② 读取模板
6 const renderer = require('vue-server-renderer').createRenderer({
7   template: require('fs').readFileSync('./template.html', 'utf-8')
```

```
8  })
9  // ③ 添加一个中间件来处理所有请求
10 app.use(async (ctx, next) => {
11   const vm = new Vue({
12     data: {
13       title: '当前位置',
14       url: ctx.url    // 这里的 ctx.url 相当于 ctx.request.url
15     },
16     template: '<div>{{title}}：{{url}}</div>'
17   })
18   // ④ 将 Vue 实例渲染为 HTML 后输出
19   renderer.renderToString(vm, (err, html) => {
20     if (err) {
21       ctx.res.status(500).end('err: ' + err)
22       return
23     }
24     ctx.body = html
25   })
26 })
27 app.listen(8081, function () {
28   console.log('server started at localhost:8081')
29 })
```

在上述代码中，第 7 行的 template.html 文件是渲染的模板，在 8.2.3 节已经编写完成；第 11 ～ 17 行创建了 Vue 实例；第 19 ～ 25 行将 Vue 实例渲染为 HTML 后输出。

（3）执行如下命令，启动服务器：

```
node koa.js
```

上述命令执行后，在浏览器中访问 http://localhost:8081，结果如图 8-3 所示。

图 8-3　Koa 搭建 SSR

8.3 webpack 搭建服务器端渲染

本节将使用 Vue CLI 3+webpack 来搭建服务端渲染，这种方式相对上一节介绍的方式来说比较难，Vue 在官方文档中进行了较深入的介绍，对于初学者来说可能并不容易理解，适合具有一定技术功底的读者阅读。如果只是利用服务器端渲染来快速搭建项目，读者可以选择学习 8.4 节讲解的 Nuxt.js 框架，用这个框架可以轻松实现服务器端渲染。

8.3.1 基本流程

webpack 服务器端渲染需要使用 entry-server.js 和 entry-client.js 两个入口文件，两者通过打包生成两份 bundle 文件。其中，通过 entry-server.js 打包的代码是运行在服务器端，而通过 entry-client.js 打包的代码运行在客户端。

在 Vue 官方文档中提供了 webpack 服务器端渲染的流程图，如图 8-4 所示。

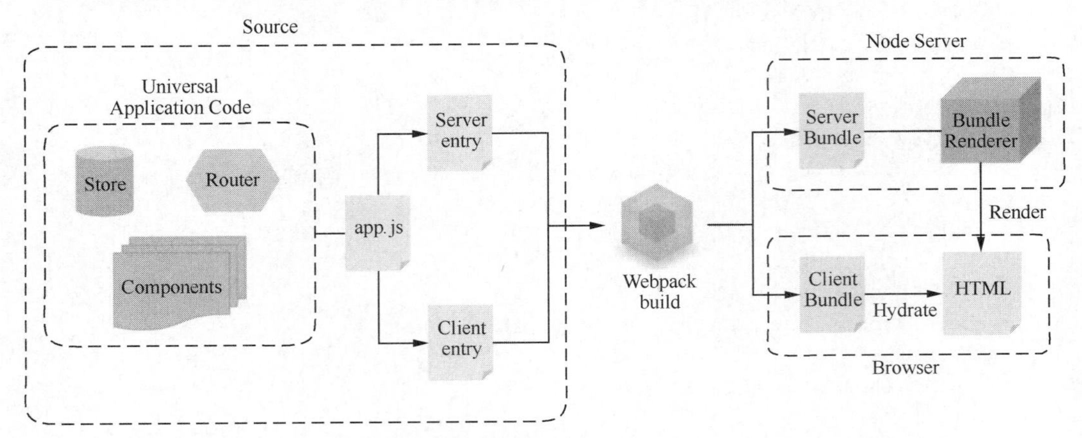

图 8-4 服务器端渲染流程图

在图 8-4 中，Source 表示 src 目录下的源代码文件，Node Server 表示 Node 服务器，Browser 表示浏览器，Universal Application Code 是服务器端和浏览器端共用的代码。

Server entry 和 Client entry 分别包含了服务器端应用程序（仅运行在服务器）和客户端应用程序（仅运行在浏览器），对应 entry-server.js 和 entry-client.js 两个入口文件，webpack 将这两个入口文件分别打包成给服务器端用的 Server Bundle 和给客户端用的 Client Bundle。app.js 是通用入口文件，它用来编写两个入口文件中的相同部分的代码。

当服务器接收到了来自客户端的请求之后，会创建一个 Bundle Renderer 渲染器，这个渲染器会读取 Server Bundle 文件，并且执行它的代码，然后发送一个生成好的 HTML 到浏览器。

8.3.2 项目搭建

1. 创建项目

（1）通过 npm 全局安装 @vue/cli 脚手架，用于搭建开发模板，命令如下：

```
npm install @vue/cli@3.10 -g
```

（2）在 C:\vue\chapter08 目录中创建一个名称为 ssr-project 的项目，命令如下：

```
vue create ssr-project
```

执行完上述命令，会进入一个交互界面，选择 default 默认即可。

（3）在 ssr-project 项目中安装依赖，具体命令如下：

```
cd ssr-project
npm install vue-router@3.1.x koa@2.8.x vue-server-renderer@2.6.x --save
```

2. 配置 vue.config.js

在项目目录中创建 vue.config.js，对 webpack 进行配置，具体代码如下：

```
1 const VueSSRServerPlugin = require('vue-server-renderer/server-plugin')
2 module.exports = {
3   configureWebpack: () => ({
4     entry: './src/entry-server.js',
5     devtool: 'source-map', // 对bundle renderer提供source map支持
6     target: 'node',
7     output: {
```

```
8        libraryTarget: 'commonjs2'
9      },
10     plugins: [ new VueSSRServerPlugin() ]
11   }),
12   chainWebpack: config => {
13   config.optimization.splitChunks(undefined)
14     config.module.rule('vue').use('vue-loader')
15   }
16 }
```

在上述代码中，第 4 行将 entry 指向 src 目录下的 entry-server.js 文件；第 6 行设置 target 值为 node，会编译为在 Node.js 环境下使用 require 来加载 chunk；第 8 行表示将库的返回值分配给 module.exports，在 CommonJS 环境下使用；第 10 行表示插件配置选项，选项中的插件必须是 new 实例；第 12 ～ 15 行是 webpack 链接，用于修改加载器选项。

3．编写项目代码

（1）删除 src 目录中所有的文件，然后重新创建项目文件。

（2）创建 src\app.js 文件，具体代码如下：

```
1  import Vue from 'vue'
2  import App from './App.vue'
3  import { createRouter } from './router'
4  Vue.config.productionTip = false
5  export function createApp() {
6    const router = createRouter()
7    const app = new Vue({
8      router,
9      render: h => h(App)
10   })
11   return { app, router }
12 }
```

上述代码中，第 5 ～ 12 行，导出 createApp() 函数，方便在其他地方引用。其中第 6 行用于创建 router 实例，第 7 ～ 10 行创建 Vue 实例，第 8 行将 router 注入 Vue 实例中，第 9 行用根实例渲染应用程序组件，第 11 行返回 app、router。

（3）创建 src\router.js 文件，具体代码如下：

```
1  import Vue from 'vue'
2  import Router from 'vue-router'
3  Vue.use(Router)
4  export function createRouter () {
5    return new Router({
6      mode: 'history',
7      routes: [
8        {
9          path: '/',
10         name: 'home',
11         component: () => import('./App.vue')
12       }
13     ]
14   })
15 }
```

上述代码中，第 4 ～ 14 行创建一个路由器实例，导出 createRouter() 函数，以便在其他地方引用。

（4）创建 App.vue 文件，具体代码如下：

```
1  <template>
2    <div id="app">test</div>
3  </template>
4  <script>
5  export default {
6    name: 'app'
7  }
8  </script>
```

上述代码中，第 2 行设置 div 标签的 id 为 app，并且页面内容为“test”。

（5）创建 entry-server.js 文件，该文件是服务器端打包入口文件，在 Vue 官方文档中提供了该文件的示例，可以直接复制到项目中使用。具体代码如下：

```
1  import { createApp } from './app'
2  export default context => {
3    return new Promise((resolve, reject) => {
4      const { app, router } = createApp()
5      router.push(context.url)
6      router.onReady(() => {
7        const matchedComponents = router.getMatchedComponents()
8        if (!matchedComponents.length) {
9          return reject(new Error('no components matched'))
10       }
11       resolve(app)
12     }, reject)
13   })
14 }
```

上述代码中，第 1 行从 app.js 中导入 createApp 函数；第 3 ~ 13 行返回 Promise，是考虑到在可能是异步路由钩子函数或者组件的情况下，便于服务器能够等待全部的内容在渲染前就准备就绪，其中第 5 行是根据 Node 传过来的 context.url，设置服务端路由的位置，第 7 行获取当前路由匹配的组件数组，如果长度为 0 表示没有找到，执行 reject() 函数，返回提示语。

4. 生成 vue-ssr-server-bundle.json

（1）修改 package.json 文件，在 scripts 脚本命令中添加如下内容：

```
"build:server": "vue-cli-service build --mode server"
```

（2）执行如下命令，生成 vue-ssr-server-bundle.json 文件：

```
npm run build:server
```

上述命令执行后，在 dist 目录中可以看到生成后的 vue-ssr-server-bundle.json 文件。

5. 编写服务器端代码

（1）服务器端代码主要是通过 Koa、vue-server-renderer 来实现，这部分代码可以参考官方文档中的介绍。创建 server.js 文件，具体代码如下：

```
1  const Koa = require('koa')
2  const app = new Koa()
3  const bundle = require('./dist/vue-ssr-server-bundle.json')
```

```
4  const { createBundleRenderer } = require('vue-server-renderer')
5  const renderer = createBundleRenderer(bundle, {
6    template: require('fs').readFileSync('./template.html', 'utf-8'),
7  })
8  function renderToString (context) {
9    return new Promise((resolve, reject) => {
10     renderer.renderToString(context, (err, html) => {
11       err ? reject(err) : resolve(html)
12     })
13   })
14 }
15 app.use(async (ctx, next) => {
16   const context = {
17     title: 'ssr project',
18     url: ctx.url
19   }
20   const html = await renderToString(context)
21   ctx.body = html
22 })
23 app.listen(8080, function() {
24   console.log('server started at localhost:8080')
25 })
```

在上述代码中，第 3 行加载 dist 目录下的 vue-ssr-server-bundle.json 文件，该文件就是服务器端的 Server Bundle 文件，加载后，在第 5 行传给 createBundleRenderer() 函数；第 8 ～ 14 行的 renderToString() 函数用于将 Vue 实例渲染成字符串，在第 11 行通过 resolve() 返回渲染后的 HTML 结果，然后在第 20 行接收，并在第 21 行设置为 ctx.body。

（2）创建 template.html 文件，具体代码如下：

```
1  <!DOCTYPE html>
2  <html>
3    <head><title>SSR Project</title></head>
4    <body>
5      <!--vue-ssr-outlet-->
6    </body>
7  </html>
```

（3）执行如下命令，启动服务器：

```
node server.js
```

（4）通过浏览器访问 http://localhost:8080，运行结果如图 8-5 所示。

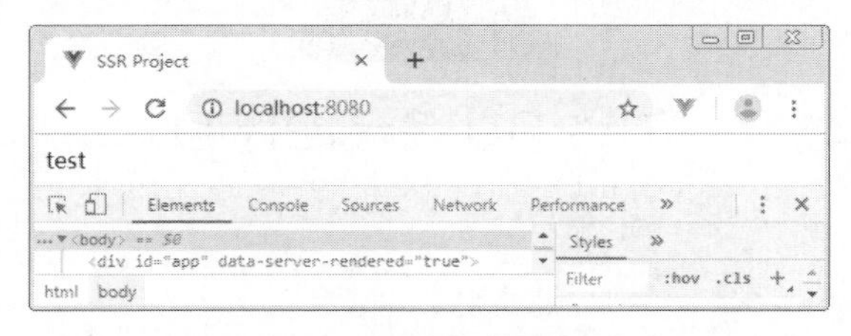

图 8-5　服务器端渲染结果

在图 8-5 中可以看到，data-server-rendered 的值为 true，说明当前页面是服务器端渲染后的结果。

8.4 Nuxt.js 服务器端渲染框架

Nuxt.js 是一个基于 Vue.js 的轻量级应用框架，可用来创建服务端渲染应用，也可充当静态站点引擎生成静态站点应用，具有优雅的代码结构分层和热加载等特性。本节将会讲解如何利用 Nuxt.js 创建服务器端渲染项目。

8.4.1 创建 Nuxt.js 项目

Nuxt.js 提供了利用 vue.js 开发服务端渲染的应用所需要的各种配置，为了快速入门，Nuxt.js 团队创建了脚手架工具 create-nuxt-app，具体使用步骤如下。

（1）全局安装 create-nuxt-app 脚手架工具：

```
npm install create-nuxt-app@2.9.x -g
```

脚手架安装完成后，就可以使用脚手架工具创建 my-nuxt-demo 项目了。

（2）在 C:\vue\chapter08 目录下执行以下命令，创建项目：

```
create-nuxt-app my-nuxt-demo
```

（3）在创建项目过程中，会询问选择哪个包管理器，在这里选择使用 npm：

```
? Choose the package manager (Use arrow keys)
  Yarn
> Npm
```

（4）当询问选择哪个渲染模式时，在这里选择使用 SSR：

```
? Choose rendering mode (Use arrow keys)
> Universal (SSR)
  Single Page App
```

（5）安装配置完成后，启动项目，命令如下：

```
cd my-nuxt-demo
npm run dev
```

（6）通过浏览器访问 http://localhost:3000/，运行结果如图 8-6 所示。

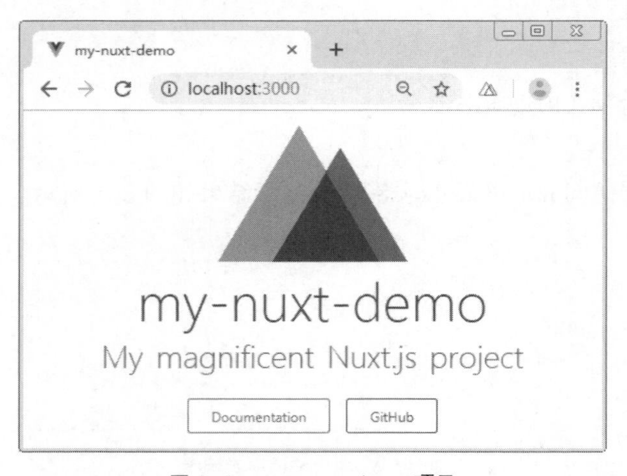

图 8-6　my-nuxt-demo 项目

接下来我们来对 my-nuxt-demo 项目中的关键文件进行说明，详细描述如表 8-1 所示。

表 8-1　my-nuxt-demo 文件说明

文件	说明
assets	存放待编译的静态资源，如 Less、Sass
static	存放不需要 webpack 编译的静态文件，服务器启动的时候，该目录下的文件会映射至应用的根路径“/”下
components	存放自己编写的 Vue 组件
layouts	布局目录，用于存放应用的布局组件
middleware	用于存放中间件
pages	用于存放应用的路由及视图，Nuxt.js 会根据该目录结构自动生成对应的路由配置
plugins	用于存放需要在根 Vue 应用实例化之前运行的 JavaScript 插件
nuxt.config.js	用于存放 Nuxt.js 应用的自定义配置，以便覆盖默认配置

8.4.2　页面和路由

在项目中，pages 目录用来存放应用的路由及视图，目前该目录下有两个文件，分别是 index.vue 和 README.md，当直接访问根路径“/”的时候，默认打开的是 index.vue 文件。Nuxt.js 会根据目录结构自动生成对应的路由配置，将请求路径和 pages 目录下的文件名映射，例如，访问“/test”就表示访问 test.vue 文件，如果文件不存在，就会提示“This page could not be found”（该页面未找到）错误。

接下来，我们创建 pages\test.vue 文件，具体代码如下：

```
1  <template>
2    <div>test</div>
3  </template>
```

通过浏览器访问 http://localhost:3000/test 地址，运行结果如图 8-7 所示。

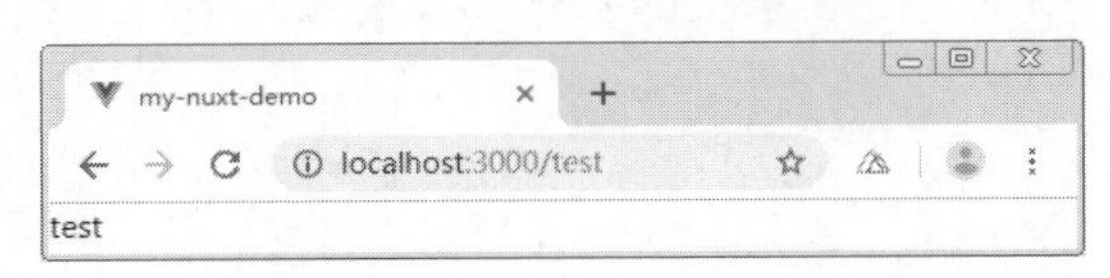

图 8-7　访问 test 组件

pages 目录下的 vue 文件也可以放在子目录中，在访问的时候也要加上子目录的路径。例如，创建 pages\sub\test.vue 文件，具体代码如下：

```
1  <template>
2    <div>sub/test</div>
3  </template>
```

然后使用 http://localhost:3000/sub/test 地址就可以访问 pages\sub\test.vue 文件。

通过上述操作演示可以看出，Nuxt.js 提供了非常方便的自动路由机制，当它检测到 pages 目录下的文件发生变更时，就会自动更新路由。通过查看“.nuxt\router.js”路由文件，可以看到 Nuxt.js 自动生成的代码，如下所示：

```
1  routes: [{
2    path: "/test",
3    component: _5c170d74,
4    name: "test"
5  }, {
6    path: "/sub/test",
7    component: _c12b6364,
```

```
8    name: "sub-test"
9  }, {
10   path: "/",
11   component: _f51f2a64,
12   name: "index"
13 }],
```

8.4.3 页面跳转

Nuxt.js 中使用 <nuxt-link> 组件来完成页面中路由的跳转，它类似于 Vue 中的路由组件 <router-link>，它们具有相同的属性，并且使用方式也相同。需要注意的是，在 Nuxt.js 项目中不要直接使用 <a> 标签来进行页面的跳转，因为 <a> 标签是重新获取一个新的页面，而 <nuxt-link> 更符合 SPA 的开发模式。下面我们来介绍在 Nuxt.js 中页面跳转的两种方式。

1. 声明式路由

以 pages\test.vue 页面为例，在页面中使用 <nuxt-link> 完成路由跳转，具体代码如下：

```
1  <template>
2    <div>
3      <nuxt-link to="/sub/test">跳转到 sub/test</nuxt-link>
4    </div>
5  </template>
```

2. 编程式路由

编程式路由，就是在 JavaScript 代码中实现路由的跳转。以 pages\sub\test.vue 页面为例，示例代码如下：

```
1  <template>
2    <div>
3      <button @click="jumpTo">跳转到 test</button>
4      <div>sub/test</div>
5    </div>
6  </template>
7  <script>
8  export default {
9    methods: {
10     jumpTo () {
11       this.$router.push('/test')
12     }
13   }
14 }
15 </script>
```

上述代码中，第 3 行给 button 按钮绑定 jumpTo() 方法，然后第 9 行和第 10 行在 methods 函数中加入 jumpTo() 方法；在第 11 行使用 this.$router.push('/test') 导航到 test 页面。

本章小结

本章主要讲解了服务器端渲染的概念及使用、客户端渲染和服务端渲染的区别等。在讲解了服务器端渲染的基本知识后，通过案例的形式讲解了如何手动搭建服务器端渲染项目。

读者应重点理解服务器端渲染的概念，理解服务器端渲染的优缺点，能够利用服务器端渲染技术完成项目开发中的需求。

课后习题

一、填空题

1. ________插件可以用来进行页面的热重载。
2. hash 模式路由，地址栏 URL 中会自带________符号。
3. SSR 的路由需要采用________的方式。
4. ________是利用搜索引擎规则，提高网站在搜索引擎内自然排名的一种技术。
5. Vue 中使用服务器端渲染，需要借助 Vue 的扩展工具________。

二、判断题

1. 客户端渲染，即传统的单页面应用模式。（　　）
2. webpack-dev-middleware 中间件会对更改的文件进行监控。（　　）
3. 服务器端渲染不利于 SEO。（　　）
4. 服务器端渲染应用程序，需要处于 Node.js server 运行环境。（　　）
5. 使用 git-bash 命令行工具，输入指令 mkdirs vue-ssr 来创建项目。（　　）

三、选择题

1. 下列选项中说法正确的是（　　）。

A. vue-server-renderer 的版本要与 Vue 版本相匹配

B. 客户端渲染，需要使用 entry-server.js 和 entry-client.js 两个入口文件

C. app.js 是应用程序的入口，它对应 vue-cli 创建的项目的 app.js 文件

D. 客户端应用程序既可以运行在浏览器上，又可以运行在服务器上

2. 下列关于 SSR 路由的说法，错误的是（　　）。

A. SSR 的路由需要采用 history 的方式

B. history 模式的路由提交不到服务器上

C. history 模式完成 URL 跳转而无须重新加载页面

D. hash 模式路由，地址栏 URL 中 hash 改变不会重新加载页面

3. 下列关于 Nuxt.js 的说法，错误的是（　　）。

A. 使用“create-nuxt-app 项目名”命令创建项目

B. 使用 Nuxt.js 搭建的项目中，pages 目录是用来存放应用的路由及视图

C. 在 Nuxt.js 项目中，声明式路由在 html 标签中通过 <nuxt-link> 完成路由跳转

D. Nuxt.js 项目中需要根据目录结构手动完成对应的路由配置

四、简答题

1. 请简述什么是服务器端渲染。
2. 请简述服务器端渲染的代码逻辑和处理步骤。
3. 请简述 Nuxt.js 中，声明式路由和编程式路由的区别。

五、编程题

基于 Nuxt.js 开发一个 Vue 程序，实现登录和注册切换。

第9章 “微商城”项目

经过前面深入的学习，相信读者已经熟练掌握 Vue 中的各种功能的使用了，本章将带领读者进入综合项目实战，运用 Vue、MUI、Mint UI、vue-router 等前端库和插件，配合后端服务器提供的 API，完成在线商城项目的制作。考虑到篇幅有限，本章仅介绍了项目的一些关键的开发思路，但在本书配套的源代码中提供了完整的代码和开发文档，读者可以配合源代码和开发文档来进行学习。

教学导航

学习目标	1. 了解项目的整体结构 2. 掌握项目中具体代码的实现 3. 掌握项目中使用的重点知识
教学方式	本章主要以项目展示、任务描述和代码演示的方式为主
重点知识	1. MUI 前端框架 2. Mint UI 移动端组件库 3. Vuex 状态管理模式 4. vue-router 插件 5. 基于 Promise 的 HTTP 库 axios 6. Vue 动画和过渡效果
关键词	MUI、Mint UI、vuex、vue-router、axios

9.1 开发前准备

本项目是一个电商类移动端网站。整个网站分为前台和后台，前台用来展示商品，用户可以进入网站中查看新闻资讯、分享图片、浏览商品，将需要购买的商品添加到购物车；后台用来提供 API 接口。本节将展示项目的功能模块，并对其采用的技术方案进行介绍。

9.1.1 项目展示

本项目的前台包括商城首页、分类、购物车功能和我的功能等，项目结构如图 9-1 所示。

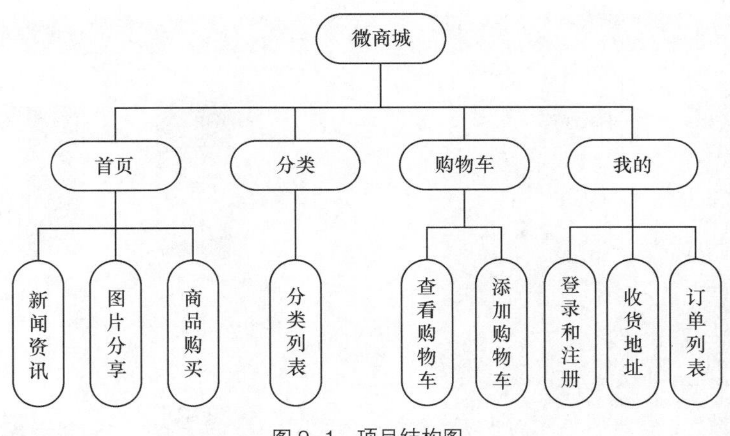

图 9-1 项目结构图

本项目主要以适配 iPhone 6 的页面效果为主，使用 Chrome 的开发者工具，测试页面在 iPhone 6 模拟环境下的页面效果。项目的功能模块涉及的页面很多，这里仅展示前台的部分页面效果，如图 9-2 ～图 9-11 所示。

图 9-2 首页

图 9-3 新闻资讯列表

图 9–4　图片分享列表

图 9–5　商品列表

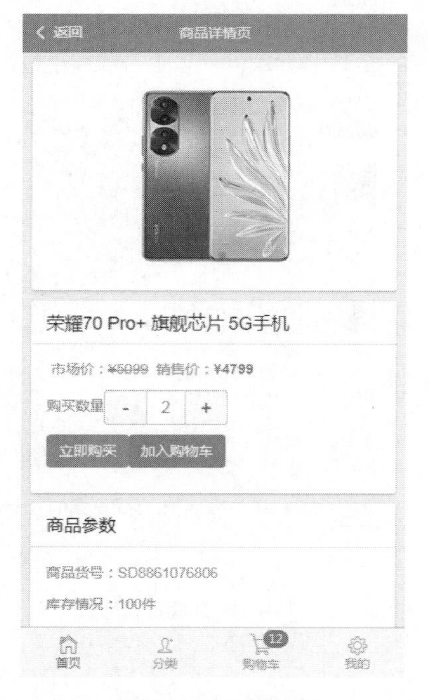

图 9–6　商品详情页

图 9–7　购物车

图 9–8 分类列表

图 9–9 我的

图 9–10 新增收货地址

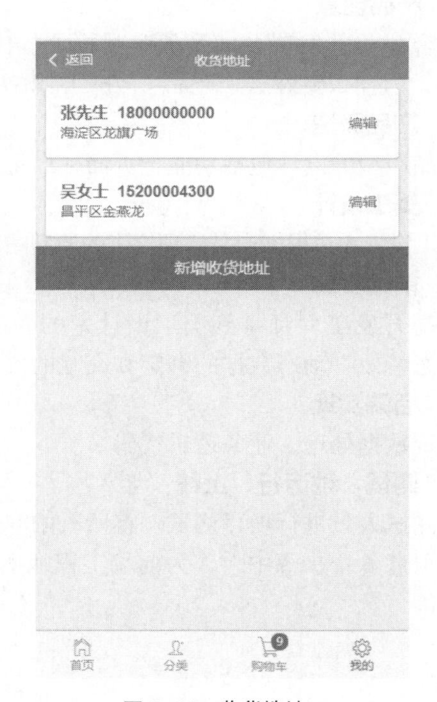

图 9–11 收货地址

9.1.2 技术方案

一个完整的项目分为前端和后端两部分，本书在配套源代码中提供了已经开发完成的前后端项目，后端项目用于提供 API 进行数据交互。具体技术方案如下。

1. 前端方案

本项目使用了前面章节中讲解过的一些前端技术，用来增强项目的功能，具体如下。

- 使用 Vue 作为前端开发框架。
- 使用 Vue CLI 3 脚手架搭建项目。
- 使用 MUI 样式库来编写接近 App 体验的页面样式。
- 使用 Mint UI 作为移动端组件库。
- 使用 axios 作为 HTTP 库和后端 API 交互。
- 使用 vue-router 实现前端路由的定义及跳转、参数的传递等。
- 使用 vuex 进行数据状态管理，实现购物车的状态存储。

2. 前后端交互方案

本项目采用 API 的方式进行前后端数据交互，当用户访问网站时，数据通过 axios 请求 API 服务器获得并将数据渲染在页面中。后端开发人员负责提供 API，前端开发人员只需关心如何使用这些 API 即可。

9.1.3 项目开发流程

一个项目或者产品从开始到上线都要遵循开发流程，这样有利于团队间的协作，能够按部就班地完成。一般情况下，一个项目或产品的开发流程如下。

1. 产品创意

结合公司的发展方向及战略目标，提出产品创意。简而言之，就是要做一个什么产品（What），为什么要做这个产品（Why），解决 What 和 Why 的问题。

2. 产品原型

产品原型的设计包括功能、页面，最重要的是用户体验。通常由产品经理完成。

3. 美工设计

美工设计人员根据产品经理提供的原型图实现符合原型与审美的 psd 设计图稿，并进行切图。

4. 前端实现

前端开发工程师拿到美工设计好的 psd 图，负责具体的 HTML、CSS 静态页面的实现，以及动态特效、动态数据的绑定和交互的实现。

5. 后端实现

实现数据处理、业务逻辑代码。

6. 测试、试运行、上线

由测试人员进行项目测试。将所有的问题解决后，就可以试运行，将项目上线。

在上述 6 个步骤中，作为前端工程师主要专注第 4 步的前端代码实现，对于其他步骤简单了解即可。

9.2 项目搭建

9.2.1 创建项目

在创建项目前，需要检查是否安装了 Node.js 和 Vue CLI 3 脚手架，如果没有安装，请参考第1章和第7章进行安装。

然后使用命令行工具，进入C:\vue\chapter09目录创建项目，命令如下：

```
vue create shop
```

执行上述命令后，会让用户选择预设。第一次创建项目，只会出现两个选项，分别是默认预设和自定义预设。如果之前保存过预设，则会在默认预设前出现已经保存过的预设。这里选择默认预设来创建项目即可。

项目创建完成后，使用如下命令启动项目：

```
cd shop
npm run serve
```

9.2.2 配置路由

使用npm方式为项目安装vue-router，将路由文件router.js存放在src目录下。当组件准备好之后，开始创建路由。vue-router安装命令如下：

```
npm install vue-router --save
```

安装完成后，将src\router.js路由文件创建出来，具体代码如下：

```
1  import Vue from 'vue'
2  import VueRouter from 'vue-router'
3  Vue.use(VueRouter)
4  var router = new VueRouter({ })          // 创建路由实例对象 router
5  export default router                    // 暴露路由对象属性
```

创建src\router.js文件后，需要在src\main.js入口文件中引入该文件，并在Vue实例上注册，如下所示：

```
1  import router from './router.js'
2  new Vue({
3    router,
4    render: h => h(App)
5  }).$mount('#app')
```

9.2.3 配置Vuex

使用npm方式为项目安装Vuex，安装命令如下：

```
npm install vuex --save
```

安装完成后，创建数据状态存储文件src\store.js，具体代码如下：

```
1  import Vue from 'vue'
2  import Vuex from 'vuex'
3  Vue.use(Vuex)
4  export default new Vuex.Store({  })
```

然后在src\main.js文件中引入src\store.js文件，并在Vue实例上注册，如下所示：

```
1  import store from './store.js'
2  new Vue({
3    router,
4    store,
5    render: h => h(App)
6  }).$mount('#app')
```

9.2.4 配置 axios

使用 npm 方式在项目中使用命令安装，npm 安装命令如下所示：

```
npm install axios --save
```

安装完成后，需要在 main.js 项目入口文件中简单配置，示例代码如下：

```
1  import axios from 'axios'
2  // 响应时间
3  axios.defaults.timeout = 3000
4  // 这里的 http://localhost:8080 为本地接口，在开发中需要换成真实的接口
5  axios.defaults.baseURL = 'http://localhost:8080'
6  Object.defineProperty(Vue.prototype, '$http', {
7    value: axios
8  })
```

在上述代码中，第 6 行使用 Object.defineProperty 给 Vue 添加一个原型属性 $http 指向 axios，这样做的目的是在 Vue 实例或组件中不用再去重复引用 axios，直接使用 this.$http 就能执行 axios 方法。

配置好之后，就可以请求模拟的数据了。这里以请求项目目录中的 data.json 文件为例，确保路径正确，在 mounted() 钩子函数中发送请求，示例代码如下：

```
1  mounted() {
2    this.$http.get('data.json').then((result) => {
3      console.log(result, 'success')        // 请求成功，执行此处代码块
4    }).catch((error) => {
5      console.log(error, 'error')           // 请求失败，执行此处代码块
6    })
7  }
```

9.2.5 目录结构

为了方便读者进行项目的搭建，下面我们介绍“微商城”的目录结构，具体如下。

- public：存放公共文件。
- src：源代码目录，保存开发人员编写的项目源码。
- src\assets：资源文件目录，如图片、css 等。
- src\components：组件文件目录。
- src\lib：存放 MUI 框架的 css、js、fonts 资源。
- src\plugins：插件目录，存放 axios.js 文件。
- src\App.vue：项目的 Vue 根组件。
- src\main.js：项目的入口文件。
- src\router.js：路由文件。
- src\store.js：数据状态存储文件。

9.3 商城首页

商城首页是一个程序的入口页面，客户打开程序，首先映入眼帘的就是该页面，它的界

面设计影响用户的体验。商城首页由 4 部分组成，顶部标签栏和轮播图使用 Mint UI 框架来实现，九宫格区域和底部导航栏使用 MUI 相关样式库文件来完成基本页面布局，其中，底部导航栏使用 <router-link> 组件来实现路由的跳转。接下来，我们将针对首页组成部分的内容进行详细讲解。

9.3.1 页面结构

商城首页的结构由顶部标签栏、轮播图、九宫格图标展示区、底部导航栏 4 部分组成，整体结构如图 9-12 所示。

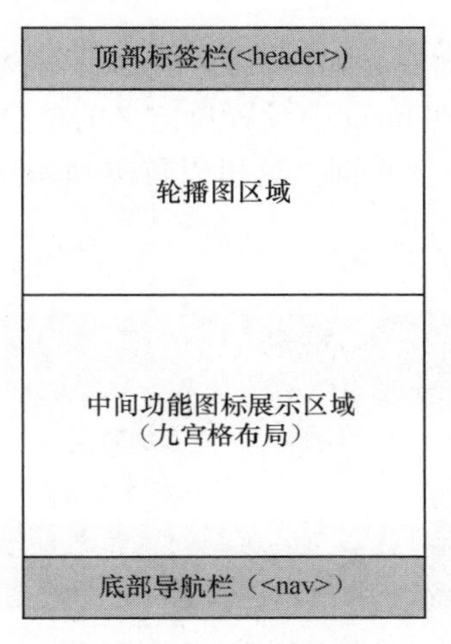

图 9-12 首页结构图

商城首页的页面结构关键代码如下：

```
1  <div id="container">
2    <!-- 顶部 Header 区域 -->
3    <mt-header></mt-header>
4    <!-- 中间轮播图和九宫格展示区域 -->
5    <transition name="fade">
6      <router-view></router-view>
7    </transition>
8    <!-- 底部导航区域 -->
9    <tabbar></tabbar>
10 </div>
```

9.3.2 顶部标题栏

首页顶部导航栏使用 Mint UI 框架来实现。Mint UI 是基于 Vue.js 的移动端组件库，使用 Vue 技术封装出来了成套的组件，可以无缝地和 Vue 项目进行集成开发。

1. Mint UI 的基本使用

首先需要安装 Mint UI 框架，安装命令如下：

```
npm install mint-ui --save
```

将 Mint UI 安装完成后，在 src\main.js 中引入。引入的方式有两种，分别是完整引入和按需引入，考虑到后续项目中图片“懒加载”需要完整引入，故在此选择完整引入，示例代码如下：

```
import Vue from 'vue'
import MintUI from 'mint-ui'
import 'mint-ui/lib/style.css'
Vue.use(MintUI)
```

上述代码完成了 Mint UI 的引入。其中，第 3 行的 style.css 样式文件需要单独引入，这是因为引入的是全局组件，可以直接使用。引入后，在页面中使用“mt-”前缀来定义标签名，如 <mt-button>、<mt-header> 等。

2. 动态设置页面头部标题

设置头部 title 标题需要借助 router.beforeEach() 钩子函数来实现。在路由列表中，每个路由都有一个 meta 字段，可以在 meta 中设置自定义的信息，供页面组件或路由钩子使用，方便告诉用户当前显示的是哪一个页面。这里以首页和购物车页面为例，效果如图 9-13 和图 9-14 所示。

图 9-13　首页标题

图 9-14　购物车页面标题

在 router.js 路由文件中，给每个路由添加 meta 属性的页面 title，示例代码如下：

```
routes: [
  { path: '/', redirect: '/home', name: 'home', meta: { title: '首页' } },
  { path: '/home', component: HomeCon, meta: { title: '首页' } },
  { path: '/shopcar', component: ShopcarCon, meta: {title: '购物车'} },
  ...
],
```

在 App.vue 组件中使用 $route.meta.title 获取 meta 数据，如下所示：

```
<mt-header fixed :title="$route.meta.title"></mt-header>
```

执行上述代码后，即可实现图 9-13、图 9-14 所示的效果。

然后还需要在路由发生改变时动态设置网页的 <title> 标签。在 main.js 文件中的路由钩子函数里获取 meta 数据，示例代码如下：

```
router.beforeEach((to, from, next) => {
  // 路由发生改变，修改页面 title
  if (to.meta.title) {
    document.title = to.meta.title
  }
  next()
})
```

添加上述代码后，就会实现图 9-15 和图 9-16 所示的标题切换效果。

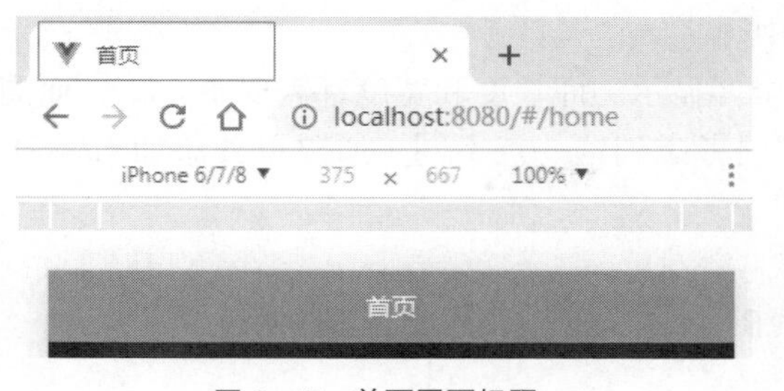

图 9-15 首页网页标题

图 9-16 购物车页面网页标题

3. 返回箭头

打开任意一个 App，通常页面左上角会显示返回箭头，提示用户单击此按钮可以返回上一级页面，极大地提高了用户体验。接下来，我们就来实现这一功能。考虑到在首页中左上角不需要显示返回按钮，在 App.vue 文件中使用 v-show 根据变量的值来判断是否显示和隐藏，步骤如下。

（1）在 App.vue 中，通过 v-show 指令绑定定义变量 flag 来判断是否显示“返回”按钮，示例代码如下：

```
1  <mt-header fixed :title="$route.meta.title">
2    <span slot="left" @click="goBack" v-show="flag">
3      <mt-button icon="back">返回</mt-button>
4    </span>
5  </mt-header>
```

（2）在 data 中设置 flag 的初始值为 false，然后使用 watch 监听路由，如果当前是首页，那么隐藏返回按钮，否则显示返回按钮，并在 methods 中定义 goBack() 事件实现单击按钮，返回上一级页面。示例代码如下：

```
1  data () {
2    return { flag: false }
3  },
4  methods: {
5    goBack () {
6      this.$router.go(-1)
7    }
8  },
9  watch: {
10   '$route.path': function (newVal) {
11     if (newVal === '/home') {
12       this.flag = false  // 不显示按钮
13     } else {
14       this.flag = true  // 显示按钮
15     }
16   }
17 }
```

以上代码实现了动态设置页面头部 title 标题，以及返回按钮功能。读者可以参考配套源代码自己动手实现。

9.3.3 轮播图

首页和商品详情页都有图片轮播图展示，考虑到 Vue 组件代码的复用性，把轮播图相关代码单独放置在 src/components/swiper.vue 文件中。

需要注意的是，首页轮播图中的图片需要全屏显示（即长度和宽度都需要 100%），而商品详情页轮播的图片需要展示图片的本身尺寸。考虑到这一点不同，所以单独添加 class 类来判断是否需要设置宽度为 100%。

1. 轮播图组件

在 swiper.vue 公共轮播图文件中编写如下代码：

```
1  <mt-swipe :auto="4000">
2    <!-- imglist 是父组件向子组件传值 -->
3    <mt-swipe-item v-for="item in imglist" :key="item.id">
4      <img :src="item.img" :class="{full:isfull}">
5    </mt-swipe-item>
6  </mt-swipe>
```

JavaScript 示例代码如下：

```
1  export default {
2    props: ['imglist', 'isfull']
3  }
```

CSS 示例代码如下：

```
.full { width: 100% }
```

2. 组件调用

在需要展示轮播图的组件中引入 swiper.vue 轮播图组件。

（1）导入轮播组件，示例代码如下：

```
import swiper from '../components/swiper.vue'
```

（2）创建轮播图节点，示例代码如下：

```
1  components: {
2    swiper
3  }
```

（3）封装 swiper 组件，示例代码如下：

```
<swiper :imglist="imglist" :isfull="true"></swiper>
```

（4）发送请求获取数据，将获取到的数据保存给 imglist。示例代码如下：

```
1  data () {
2    return { imglist : [] }          // 保存轮播图数据
3  },
4  created: {
5    this.getImglist()                // 调用轮播图方法
6  },
7  methods: {
8    getImgList () {                  // 发送请求获取数据
9      this.$http.get('接口地址').then(result => {
10       if (result.data.status === 0) {
11         this.imglist = result.data.message
12       }
13     })
14     .catch(function (error) {
15       console.log('error' + error)
```

```
16     })
17   }
18 },
```

以上讲解了轮播图功能关键部分的实现代码，读者可以参考以上讲解来完成轮播图功能的开发。图片素材和 CSS 样式代码可以从配套源代码中获取。完成后的效果如图 9-2 所示。

9.3.4 九宫格展示区域

1. MUI 的基本使用

在本项目中，把 MUI 相关的 css、js 等资源放置在 src/lib 目录下，然后在 main.js 文件中引入 MUI 相关样式库文件，可以供全局使用，示例代码如下：

```
1  import './lib/mui/css/mui.css'                  // 样式文件
2  import './lib/mui/css/icons-extra.css'          // 扩展样式库文件
```

在需要使用 MUI 中的 js 代码来实现效果的组件中，可以在当前组件中导入 MUI 的 js 文件。例如，在使用 MUI 的 scroll 滑动控件时引入 js 文件，示例代码如下：

```
import mui from '../../lib/mui/js/mui.min.js'
```

2. 九宫格布局

九宫格布局使用 MUI 的相关结构代码、CSS 样式来实现，采用 <ul>、<li> 来布局，使用 <router-link> 组件来实现导航的跳转，效果如图 9-17 所示。

图 9-17 九宫格布局

九宫格页面的 HTML 结构示例代码如下：

```
1  <ul class="mui-table-view mui-grid-view mui-grid-9">
2    <li class="mui-table-view-cell mui-media mui-col-xs-4 mui-col-sm-3">
3      <router-link to="/home/newslist"> </router-link>
4    </li>
5    …
6  </ul>
```

9.3.5 底部导航栏

页面的底部导航栏（tabBar），使用 MUI 的 CSS 样式来实现基本的布局。在路由对象中配置 linkActiveClass 选项，设置底部导航栏选中样式的切换，使用 <router-link> 组件来实现导航的跳转，效果如图 9-18 所示。

图 9-18 底部导航栏

编写 tabbar.vue 文件的 HTML 结构代码，示例代码如下：

```
1  <nav class="mui-bar mui-bar-tab">
2    <router-link class="mui-tab-item-lib" to="/home">...</router-link>
3    <router-link class="mui-tab-item-lib" to="/sort">...</router-link>
4    <router-link class="mui-tab-item-lib" to="/shopcar">...</router-link>
5    <router-link class="mui-tab-item-lib" to="/member">...</router-link>
6  </nav>
```

router.js 文件的示例代码如下：

```
1  var router = new VueRouter({
2    routes: [ // 配置路由规则
3      { path: '/', redirect: '/home', name: 'home', meta: { title: '首页' } },
4      { path: '/home', component: HomeCon, meta: { title: '首页' } },
5      { path: '/sort', component: SearchCon, meta: { title: '分类列表' } },
6      { path: '/shopcar', component: ShopcarCon, meta: { title: '购物车' } },
7      { path: '/member', component: MemberCon, meta: { title: '我的' } },
8    ],
9    linkActiveClass: 'mui-active' // 导航栏选中样式的类名
10 })
```

以上讲解了底部导航栏功能关键部分的实现代码，读者可以参考以上讲解来完成 tabBar 结构布局，图片素材和 CSS 样式代码可以从配套源代码中获取。

9.4 新闻资讯

新闻资讯部分的内容分为列表页和详情页，页面中涉及的数据获取需要调用后台的 API 接口，拿到数据后在页面上展示即可。在本小节中读者需要掌握采用 axios 的方式来实现数据的请求，并掌握数据方法的定义及调用。

9.4.1 新闻资讯列表

新闻资讯列表页面中的数据来源于后台提供的 API 接口，通过 axios 的方式来请求接口，展示数据。这里以新闻资讯列表的数据请求为例，数据获取的步骤如下。

（1）在 data 函数中定义空数组，用来存放接口返回数据：

```
1  import { Toast } from 'mint-ui'
2  export default {
3    data () {
4      return { newslist: [] }  // 存放列表数据
5    },
6  }
```

（2）在 methods 函数中定义获取列表数据的方法 getNewsList()：

```
1  methods: {
2    getNewsList () {
3      this.$http.get('接口 API').then(result => {
4        // 请求成功处理的代码块
5      })
6      .catch(function (error) {
```

```
7         // 请求失败处理的代码块
8       })
9     }
10 }
```

（3）在 created() 钩子函数中调用 getNewsList() 方法：

```
1  created () {
2    this.getNewsList()
3  },
```

（4）在页面中使用 v-for 进行数据的循环遍历，注意在跳转到详情页时，需要把 id 传递过去，用来区分页面内容：

```
1  <li v-for="item in newslist" :key="item.id">
2    <router-link :to="'/home/newsinfo/'+item.id"></router-link>
3  </li>
```

9.4.2 新闻详情

实现新闻详情页面展示，需要先通过 this.$router.query.id 方式获取 id 值并赋值给 data 中定义的 id 值，然后再通过 this.$http.get('api/getnew/'+this.id) 请求服务器接口，获取新闻详情页面的数据，最后在页面展示。

1. 加载评论

加载评论功能，需要请求后台接口，获取新闻详情评论数据，传递列表页 url 中带过来的 id 值、页数 pageindex。注意一定要在 created() 中调用该方法。

2. 发表评论

单击“发表评论”按钮，发送用户评论，此时需要检验评论内容是否为空，为空则给出提示，不为空则使用 post 的方式发送数据。

（1）在 comment.vue 子组件中，需要定义好 id，示例代码如下：

```
props: ['id']
```

上述代码表示父组件 NewsInfo.vue 向 comment.vue（评论组件）中传入 id 值。

（2）在 NewsInfo.vue 父组件中，需要属性绑定 id 值：

```
<comment-box :id="this.id"></comment-box>
```

3. 加载更多

加载更多功能，需要在“加载更多”的单击事件中，让 pageIndex（页码）进行自增（this.pageIndex++），并重新调用一次获取加载评论数据的方法。

9.5 图片分享

图片分享部分的内容分为列表页和详情页，列表页的顶部滑动条使用 MUI 的滑动控件，图文展示使用 Mint UI 提供的 lazy-load 图片懒加载组件，并且使用 vue-preview 插件来实现图片的预览。

9.5.1 图片列表

1. 页面结构搭建

图片分享页面结构由顶部滑动条区域、图片列表展示区域两部分组成，效果图参考图 9-4，整体的结构如图 9-19 所示。

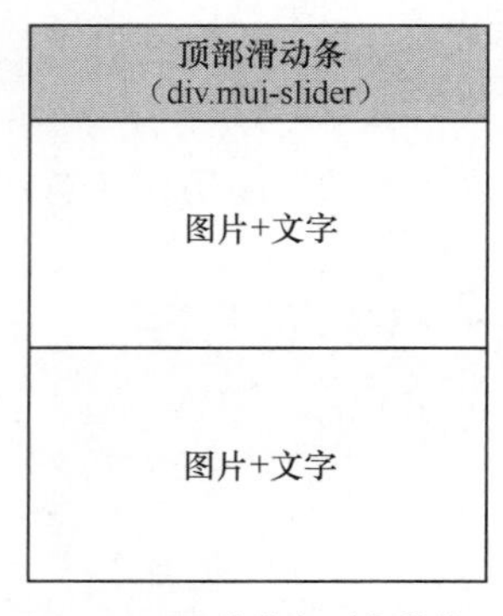

图 9-19 图片分享列表结构图

在对图9-19所示的图片分享列表的结构图有所了解后，开始编写代码来实现，如下所示：

```
1 <div class="photo-con">
2   <!-- 顶部滑动条区域 -->
3   <div id="slider" class="mui-slider"></div>
4   <!-- 图片列表区域 -->
5   <ul class="photo-list"></ul>
6 </div>
```

2. 顶部滑动条

实现顶部滑动条区域，首先使用 mui 框架来进行页面的布局，在 js 中参照本章前面所讲内容，按步骤进行数据的请求及获取。

需要注意的是，在使用 MUI 的滑动控件时，需要在 mounted() 生命周期函数中初始化 scroll 滑动控件，因为必须要等 DOM 元素加载完毕。示例代码如下：

```
1 mounted() {  // 初始化 scroll 滑动控件
2   mui('.mui-scroll-wrapper').scroll({
3     // flick 减速系数，系数越大，滚动速度越慢，滚动距离越小，默认值为 0.0006
4     deceleration: 0.0004
5   })
6 },
```

3. 图片懒加载

实现图片列表需要用到图片懒加载，这里使用 Mint UI 提供的现有组件 lazy-load 来实现懒加载，读者可以参考 lazy-load 的官方使用文档。懒加载示例代码如下：

```
<img v-lazy="item.img_url">
```

在上述代码中，item.img_url 表示图片的网络地址。

9.5.2 图片详情

图片详情页需要把后端 API 返回的数据在页面上展示出来。其中，图片缩略图可以单击预览进行放大查看，效果如图 9-20 所示。

图9-20 图片预览

本项目中，使用vue-preview插件来实现图片的预览，使用步骤如下。

（1）安装图片预览插件，具体命令如下：

```
npm install vue-preview --save
```

（2）安装完成后，在main.js文件中导入，示例代码如下：

```
1  import VuePreview from 'vue-preview'
2  Vue.use(VuePreview)
```

（3）在需要使用的组件位置添加以下代码：

```
1  <template>
2    <vue-preview :slides="list" @close="handleClose"></vue-preview>
3  </template>
4  export default {
5    data () {
6      return {
7        id: this.$route.params.id,        // 从路由中获取到的图片 id
8        list: []                          // 缩略图的数组
9      }
10   },
11   created () {
12     this.handleClose()
13   },
14   methods: {
15     handleClose () {                    // 获取缩略图
16       this.$http.get('缩略图接口' + this.id).then(result => {
17         if (result.data.status === 0) {
18           // 循环每个图片数据，补全图片的宽和高
19           result.data.message.forEach(item => {
20             item.w = 600
21             item.h = 400
22             item.msrc = item.src
23           })
24           this.list = result.data.message // 把完整的数据保存到 list 中
```

```
25          }
26        })
27      }
28    },
29  }
```

以上讲解了图片预览功能关键部分的实现代码，读者可以参考以上讲解来完成图片预览功能的开发。图片素材和 CSS 样式代码可从配套源代码中获取。

9.6 商品购买

商品列表页需要请求商品列表接口，成功后获取到接口返回数据，进行页面渲染。单击某一件商品后，就会跳转到商品详情页，此时可以查看商品的详细信息，通过单击“加入购物车”按钮来完成商品加入购物车的操作。

9.6.1 商品详情页

在商品详情页，需要完成两个功能，第 1 个是单击按钮实现商品数量的加、减操作；第 2 个是实现加入购物车时的动画效果。下面我们分别进行讲解。

1. 商品数量的加减

商品数量的加减通过输入框控件实现，考虑到在多个页面中都会用到这个功能，所以把它单独放在一个 Vue 文件中，当页面用到此控件时直接复用即可。

MUI 提供了数字输入框控件，可以直接输入数字，也可以单击“+”和“-”按钮变换当前数值，默认的 numbox 控件的 DOM 结构比较简单，示例代码如下：

```
1  <div class="mui-numbox" data-numbox-min="1" :data-numbox-max="max">
2    <!-- "-" 按钮，单击可减小当前数值 -->
3    <button class="mui-btn mui-btn-numbox-minus" type="button">-</button>
4    <input id="test" class="mui-input-numbox" type="number" value="1"
5     @change="countChanged" ref="numbox" />
6    <!-- "+" 按钮，单击可增大当前数值 -->
7    <button class="mui-btn mui-btn-numbox-plus" type="button">+</button>
8  </div>
```

上述代码中，第 1 行的 data-numbox-min 属性表示允许输入框使用的最小值为 1，使用 v-bind 绑定 data-number-max 属性表示允许使用的最大值为 max，max 值表示商品的库存量；第 5 行为 input 输入框绑定了 change 事件，每当文本框的数据被修改时，立即把最新的数据通过事件调用传递给父组件。

JavaScript 部分的示例代码如下：

```
1  mounted () {
2    // 初始化数字选择框组件
3    mui('.mui-numbox').numbox()
4  },
5  methods: {
6    countChanged () {
7      // $emit 绑定了一个自定义事件 getcount，当该语句执行的时候，
```

```
8      // 会将参数传递给父组件，父组件通过 @getcount 监听并接收参数
9      this.$emit('getcount', parseInt(this.$refs.numbox.value))
10   }
11 },
12 props: ['max'],            // 接收最大值 max
13 watch: {                   // 监听父组件传递过来的 max 值
14   'max': function(newVal, oldVal) {
15     // 使用 JS API 设置 numbox 的最大值（请前往 MUI 官网查找示例）
16     mui('.mui-numbox').numbox().setOption('max', newVal);
17   }
18 }
```

在父组件中，需要导入数字选择框子组件，并创建该组件节点。接下来，在父组件中定义 getSelectedCount() 方法，当子组件把选中的数量传递给父组件时，把选中的值保存在 data 上。父组件的示例代码如下：

```
1  <numbox @getcount="getSelectedCount" :max="goodsinfo.stock_quantity">
2  </numbox>
3  <script>
4  import numbox from '组件地址'            // 导入数字选择框组件
5  export default {
6    data () {
7      return {
8        selectedCount: 1,                  // 保存商品数量，默认是 1
9      }
10   },
11   methods: {
12     getSelectedCount (count) {           // 定义方法
13       this.selectedCount = count         // 把选中的值保存到 data 上
14     }
15   },
16   components: {                          // 创建数字选择框组件节点
17     numbox
18   }
19 }
20 </script>
```

2. 购物车小球动画

购物车小球动画是半场动画，所以在这里使用 JavaScript 钩子函数来实现，在 transition 属性中声明 JavaScript 钩子，示例代码如下：

```
1  <transition @before-enter="beforeEnter" @enter="enter"
2   @after-enter="afterEnter">
3    <div class="ball" v-show="ballFlag" ref="ball"></div>
4  </transition>
```

上述代码中，通过 v-show 的值，来控制 div 标签样式（这里指小球）display 的值，为 none 则控制小球隐藏，反之则显示小球。

第 3 行使用了 ref 属性。ref 在子组件上使用时指向的是组件实例，可以理解为对子组件的索引，通过 $refs 可以获取到在子组件里定义的属性和方法。ref 在普通 DOM 元素上使用时指向的是 DOM 元素，通过 $refs 可以获取到该 DOM 的属性集合，轻松访问到 DOM 元素，作用类似于 jQuery 选择器。可以利用 v-for 和 ref 获取一组数组或者 DOM 节点。

ref 需要在 DOM 渲染完成后才会存在，在使用时应确保 DOM 已经渲染完成。例如，在生命周期 mounted() 钩子函数中调用，或 this.nextTick() 中调用。如果 ref 是循环出来的，会有多个重名，值为一个数组，可以通过循环拿到单个的 ref。

关于小球的具体代码实现，请参考本书配套源代码。小球动画的分析如下。

- 小球的横纵坐标需要根据不同情况，动态计算该坐标值。
- 得到徽标的横纵坐标，再得到小球的横纵坐标，然后 x 值、y 值分别求差，得到的就是横纵坐标要位移的距离。
- 通过 getBoundingClientRect() 方法获取坐标位置。

3. 加入购物车功能

加入购物车功能，涉及对公共数据的处理，所以把数据存储在 store.js 文件中，方便对购物车商品进行同步的操作。考虑到每次进入网站时，调用 main.js 时需要先从本地存储读取购物车的数据，所以需要把数据存储到本地，实现购物车商品的本地持久存储。

当单击“加入购物车”按钮时，伴随小球动画的发生，也会触发相应的单击事件。把所选商品加到购物车列表中，调用 store 中 mutation 提供的方法来操作 state 中的数据，来将商品加入购物车，徽标数值会自动更新。

加入购物车功能分析如下。

- 假设用户未添加过该商品，则直接把商品数据添加到购物车中。
- 假设购物车中有相同的商品，则只更新商品数量。
- 更新了购物车后，把购物车数组存储到本地的 localStorage 中。

在组件中想要访问 state 中的数据，通过“this.$store.state.*”来访问，如果组件想要修改数据，必须使用 mutations 提供的方法，即“this.$store.commit(' 方法名 ')”，类似于“this.$emit(' 父组件中的方法名 ')”。如果 store 中 state 上的数据，在对外提供时，建议使用 getter 做一层包装，方式为“this.$store.getters.*”，“*”表示 getters 下面的事件处理方法。

以上内容讲解了商品详情页面关键部分的实现代码，读者可以参考以上讲解来完成该部分代码的开发。

9.6.2 购物车

1. 删除功能

单击“删除”按钮，触发 remove 事件，把商品从购物车中删除，同时删除组件中的 goodslist 数组中对应的商品信息，结构代码如下：

```
1  <div v-for="(item,i) in goodslist" :key="item.id">
2    <a href="#" @click.prevent="remove(item.id,i)"> 删除 </a>
3  </div>
```

上述代码中，i 表示索引，为了删除购物车列表 goodslist 数组中的数据，id 用来删除 store 中购物车列表中对应的商品数据。

remove 事件处理方法的代码如下：

```
1  remove (id, index) {
2    this.goodslist.splice(index, 1)
3    // 调用 mutations 中定义的 removeCar 方法
4    this.$store.commit('removeCar', id)
5  },
```

在 removeCar() 方法中，根据 id 从 store 中的购物车里删除对应的商品数据，代码如下：

```
1  removeCar(state,id){
2    // 循环数据
3    state.car.some((item, i) => {
4      if (item.id == id) {
5        state.car.splice(i, 1)
6        return true
7      }
8    })
9    // 修改完商品的数量，把最新的购物车数据保存到本地存储
10   localStorage.setItem('car', JSON.stringify(state.car))
11 },
```

2. 复选框勾选数量

同步商品的勾选状态到 store 中保存，实现勾选商品数量和总价的自动计算。给 input 标签绑定 change 事件，并把 id 值和状态值传递过去，代码如下：

```
1  <input v-model="$store.getters.getGoodsSelected[item.id]"
2   @change="selectedChange(item.id,
3   $store.getters.getGoodsSelected[item.id])"
4   type="checkbox" name="checkbox">
```

在 selectedChange() 方法中，每次单击时把最新的 val 值同步到 store 中，代码如下：

```
1  selectedChange(id, val) {  // id：商品的 id，val：开关的状态——false/true
2    // 调用 mutations 中的 updateGoodsSeleted 方法
3    this.$store.commit('updateGoodsSelected', { id: id, selected: val })
4  }
```

在 store.js 文件中的 updateGoodsSeleted() 方法中，同步复选框按钮的状态，代码如下：

```
1  updateGoodsSelected (state, info) {
2    state.car.some(item => {
3      if (item.id == info.id) {
4        item.selected = info.selected
5      }
6    })
7    // 当改变复选框的状态后，把最新的购物车数据保存到本地存储
8    localStorage.setItem('car', JSON.stringify(state.car))
9  },
```

3. 勾选件数及勾选商品的总价

已勾选商品的件数和总价会随着复选框状态的改变而需要重新计算，因此需要把件数和总价定义为 getters 的方法，因为 getters 引入了购物车中所有的商品，只需要遍历购物车列表中的所有数据即可，如果状态为已经选中，那么就计算累加的商品数量和价格。在 getters 中编写 getGoodsCountAndAmount() 方法，具体代码如下：

```
1  getters: {
2    // 获取购物车中勾选的商品数量和总价
3    getGoodsCountAndAmount (state) {
4      var obj = {
5        count: 0,  // 勾选的数量
6        amount: 0  // 勾选的总价
7      }
```

```
8       state.car.forEach(item => {
9         if (item.selected) {
10          obj.count += item.count
11          obj.amount += item.price * item.count
12        }
13      })
14      return obj
15    }
16 }
```

在组件中，通过 $store.getters.getGoodsCountAndAmount.count 获取商品件数，通过 $store.getters.getGoodsCountAndAmount.amount 获取商品的总价格。

以上内容讲解了购物车页面关键部分的实现代码，读者可以参考以上讲解来完成该部分代码的开发。

9.7 分类列表

分类列表页面分为两个部分，左侧菜单和右侧菜单。在本小节中只讲解左侧菜单和右侧菜单的结构布局，滑动效果及左右菜单的联动效果请读者参考本书配套源代码。

9.7.1 页面结构搭建

分类列表结构由左侧菜单栏和右侧菜单栏两部分组成，整体结构如图 9-21 所示。

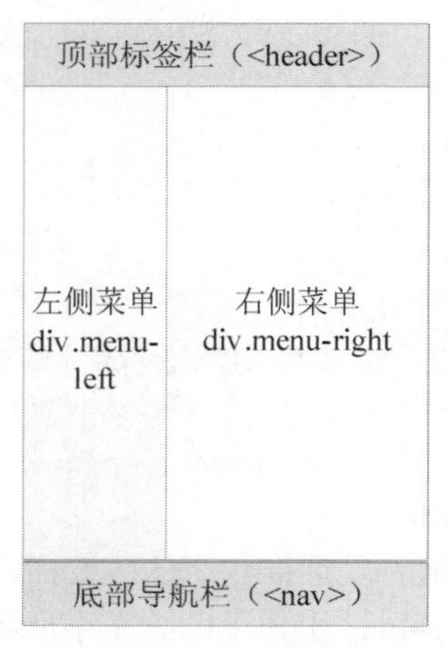

图 9-21 分类列表结构

从结构图中可以看出，组件分为左侧菜单和右侧菜单两部分，并且左右菜单是可以上下滚动的。滚动效果在这里使用了 better-scroll 插件，核心是借鉴了 iscroll 的实现原理。API 设计基本兼容 iscroll，但是在 iscroll 基础上又做出了扩展及性能优化。

对分类列表结构图有所了解后，我们开始编写代码，基本结构代码如下：

```
1  <header class="mint-header"><!-- 顶部导航栏 --></header>
2   <div class="shopmenu">
3      <div class="menu-left"><!-- 左侧菜单 --></div>
```

```
4        <div class="menu-right"><!-- 右侧菜单 --></div>
5      </div>
6    <nav class="mui-bar mui-bar-tab"></nav>
```

上述代码中，better-scroll 是作用在外层 wrapper 容器上的，滚动的部分是内部的元素。需要注意的是，better-scroll 只处理容器（wrapper）的第一个子元素（content）的滚动，其他的元素都会被忽略。

9.7.2 better-scroll 的运用

better-scroll 是基于原生的 JavaScript 实现的，不依赖任何框架，是一款重点解决移动端各种滚动场景需求的插件（也支持 PC 端）。better-scroll 的实现原理是，父容器 wrapper 有固定的高度，父容器的第一个子元素 content 的高度会随着内容的变多而撑高，当 content 的高度不超过父容器高度时，不能滚动，一旦超过了父容器高度就可以滚动内容。

在项目中使用如下命令安装 better-scroll 插件：

```
npm install better-scroll --save
```

安装后，使用如下代码进行引入：

```
import BScroll from 'better-scroll'
```

举例，编写 html 代码，示例代码如下：

```
<div ref="wrapper" class="wrapper"> </div>
```

在 js 代码的 mouted 函数中进行初始化，如下所示：

```
1  mounted() {
2    this.$nextTick(()=>{
3      this.scroll = new BScroll(this.$refs.wrapper, options)
4    })
5  },
```

第 2 行代码，为了确保 DOM 渲染完成，使用了 this.$nextTick 异步函数。

以上讲解了分类列表功能的关键部分，读者可以参考以上讲解来完成左右菜单的结构布局及滚动效果。图片素材、CSS 样式及动态效果代码可以从配套源代码中获取。

本章小结

本章中通过“微商城”项目的开发，对 MUI、Mint UI、Vuex、vue-router、axios 等前端库和组件库及插件进行了综合的练习。并且为了提高项目的实战性，采用前后端分离的开发方式，利用 API 接口进行数据交互，由前端负责页面呈现的逻辑代码，后端负责数据的处理。通过本章项目的学习，读者可以将所学技术运用到实际项目开发中。

课后习题

一、填空题

1. 使用 Mint UI 库的页面，需要通过________前缀来定义标签名。

2. ________是一个基于 Promise 的 HTTP 库，可以用在浏览器和 node.js 中。

3. ________是最接近原生 App 体验的高性能前端框架。

4. 使用________，可以给 Vue 函数添加一个原型属性 $http，指向 axios。

5. 使用路由的声明式导航，在 html 标签中使用________组件来实现路由的跳转。

二、判断题

1. MUI 是一套代码片段，提供了配套的样式和 HTML 代码段。 （ ）

2. 使用 lazy-load 可以实现图片懒加载。 （ ）

3. 通过 this.$store.state.* 可以访问 state 中的数据。 （ ）

4. 组件想要修改数据，需要调用 mutations 提供的方法，通过语句 this.$store.emit(' 方法名 ') 实现。 （ ）

5. better-scroll 是一款支持各种滚动场景需求的插件。 （ ）

三、选择题

1. 下列选项中，（ ）指令可用来切换元素的可见状态。

A. v-show　　B. v-hide　　C. v-toggle　　D. v-slideHide

2. 下列关于 ref 作用的说法，错误的是（ ）。

A. ref 在子组件中使用时，使用 this.$refs.name 获取到组件实例，可以使用组件的所有属性和方法

B. ref 加在普通的元素上，用 this.ref.name 获取到的是 DOM 元素

C. 可以利用 v-for 和 ref 获取一组数组或 DOM 节点

D. ref 在 DOM 渲染完成之前就能使用

3. 想要获取购物车小球在页面上的位置，以下可以使用的是（ ）。

A. offset()　　B. getBoundingClientRect()

C. width()　　D. height()

四、简答题

1. 请简单列举一个项目从开始到上线的开发流程需要的步骤。

2. 请简单列举 6 个“微商城”项目中用到的重点知识。